精进

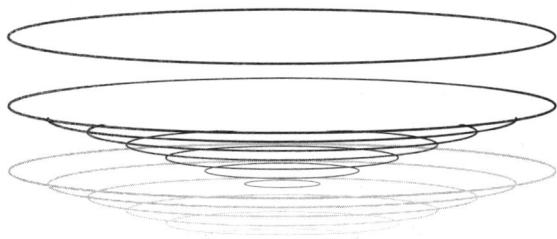

庄重◎著

西安出版社

图书在版编目（ＣＩＰ）数据

精进 / 庄重著. — 西安 ：西安出版社，2020.11
ISBN 978-7-5541-4883-9

Ⅰ.①精… Ⅱ.①庄… Ⅲ.①思维方法 Ⅳ.
①B804

中国版本图书馆CIP数据核字(2020)第173592号

精　进
JINGJIN

作　　者	庄　重	
出版发行	西安出版社	
社　　址	西安市曲江新区雁南五路1868号影视演艺大厦11层	
电　　话	（029）85253740	
邮政编码	710061	
印　　刷	三河市鹏远艺兴印务有限公司	
开　　本	787mm×1092mm　　1/32	
印　　张	7	
字　　数	130千	
版　　次	2020年11月第1版	
	2020年11月第1次	
书　　号	ISBN 978-7-5541-4883-9	
定　　价	42.00元	

△本书如有缺页、误装，请寄回另换

CONTENTS

批判性思维

为何一直要去学习和了解真正的批判性思维呢？那就是要努力成为一个独立思考、善于思考的人。

思考是一件难能可贵的事情，有效且可靠的思考更是对事情的发展至关重要。美国作家摩尔和帕克在《批判性思维》中讲道："批判性思维的目标在于做出明智的决定，得出正确的结论。可以说，批判性思维是对思维展开的思维，我们利用批判性思维是为了考量我们自己（或者他人）的思维是否符合逻辑、是否符合好的标准。"

真正的批判性思维，是指对自己的思维始终秉持批判性态度，善于思考，精于思考，保持思维的开放性，寻求进步。能够认识到自己思维的局限性，以公平公正的态度，得出最终的结论，这样的思维才是真正的批判性思维。简而言之，批判性思维让我们能够区分事物的表象和本质，判断事物的真伪。它使得一个人能够始终保持独立和理性的思考，对外界的信息和自我的思维抱有审慎的态度，不会盲从附和或者盲目相信权威，懂得发现和分析问题，以此来去伪存真，思考和判断出真实有用的信息，来指导自己的思考和行为。

纵观人类历史，我们会发现批判性思维在人类文明的进程中显得尤为重要和珍贵。托勒密为公元二世纪人，希腊著名天文学家、地理学家，是"地心说"的集大成者。"地球是宇宙的中心"这一学说统治了欧洲天文学界一千多年的历史。而文艺复兴时期的哥白尼在一千多年后，仍然对现有世界和"真理"保持着批判、怀疑、求索的精神，提出了震惊世界的"日心说"，打破了长期以来居于宗教统治地位的"地心说"的统治，实现了天文学的根本变革，让普通大众离真理更近了一步。

无独有偶，爱因斯坦对举世闻名的牛顿力学也保持着探究之心，因此诞生了又一重大理论——"相对论"。而在爱因斯坦这位学界泰斗的持续"攻击"之下，量子力学仍然能找到自己的立足之地，有其牢固的理论支撑和广阔的应用范围，延续至今，如此才有了让人类社会无比丰富多彩的电子工程学。

批判性思维放到现实生活，则是审慎地接收你所看到的、听到的、感受到的一切信息，有多少是盲目从众，有多少是一叶障目，有多少是别人想让你知道的，却不是事实本身……如此，才能保持独立思考，保持自我。

批判性思维并不是生来就有的，而是要在生活中逐步训练获得。思考时以审慎开放的态度，保持批判性态度，对自己的思想不断革新，在实践中深化认知，才能逐渐培养起来。为何要去学习和了解真正的批判性思维呢？那就是要自己努力成为一个独立思考、善于思考的人。当每个人都独立思考的时候，虚伪、蒙昧的声音会大大减少，社会的污浊在思维的涤荡中也将渐渐消散，社会生活会更加丰富多彩，社会文明将更好地向前推进。

结构化思维

结构化思维可以让思考更有逻辑，解决问题更加高效，与人沟通时更加清楚明了。

结构化思维以对象的结构为思考重点，将凌乱的事物捋清楚，在解读事实的过程中，引导自身的思维，去表达观点，解决问题。美国芭芭拉·明托的《金字塔原理》中详细讲解的写作逻辑和思维逻辑，是了解结构化思维的绝佳工具。

在《金字塔原理》中，概括出的思维是金字塔原理：结论先行、以上统下、归纳分组、逻辑递进，将其应用到结构化思维中。我们可以归纳出结构化思维的三大要素，分别是：主题鲜明，有清晰的中心思想；归纳分组，同一类信息归为一组；逻辑递进，在横向层次上有鲜明的递进关系，纵向层次有清晰的逻辑关系。面对纷繁复杂、零零碎碎的信息时，如果负荷太大，我们的大脑可能会产生疲惫、焦躁之感，但如果我们将这些零碎的信息在大脑中用一个"框架"组织起来，使之明了，则会大大提高思考效率，并易于操作，那这一思维过程就叫作"结构化思维"。

结构化思维的应用范围很广，在日常生活和职场中都有它的身影。譬如逛超市：家中有很多需要购买的东西，每个人都有自己的需求，脑海中充斥着很多东西，一列清单一大堆。这个时候，先把要买的东西分成几大类，例如厨房用品、浴室用品、卧室用品等，再在大类下进行细分，这样可以快速理清自己的思路，不至于一团乱麻。拿着分好类的清单，去了超市直奔主题，去不同的购物区挑选符合需求的东西，这样可以避免被广告或包装吸引的冲动消费，尽量让买到的每一个物品都物尽其用。

在职场中，最先接触的一般是新人入职培训。入职时，HR会针对新人展开一系列的培训活动，如了解公司的发展史、认识新同事、组织一场部门分享会和学习使用公司内部系统等。看起来任务多，细分一下，新人入职培训其实可分为以下维度：公司文化学习、人际关系建设以及业务相关内容。理解了这些，也有利于新人更快融入和更加了解公司。

其实从小我们便在训练结构化思维，为人所熟知的"天才就是百分之一的灵感加上百分之九十九的汗水"属于其中的公式分类法；又如我们小学时就学习的议论文写作，其背后也是一种结构化思维。

结构化思维是一个很有价值的思维方式。很多时候，我们做事情没有思路，感觉一头雾水，思维混乱，关键就在于没有一个结构或规律来帮助我们理清思绪。了解了事物的结构，我们便能排兵布阵，将难题各个击破，千丝万缕的思绪得到了梳理。结构化思维可以让我们思考时更有逻辑，解决问题时更加高效，与人沟通时更加清楚明了。

复盘思维

审视自己过去做过的事，在改变中求得发展。

复盘思维，顾名思义，用最通俗的话来说，就是对过去发生过的某一件事情进行详细的回顾。在此过程中，完整细致地将每一个步骤回想、梳理、组合，找出不足和漏洞，查出可更改之处，以便更好地推动事情的进展，同时为下一次的行动总结可供借鉴的经验。

复盘的概念来源于围棋，复盘是围棋中的一种学习方法，具体是指下完一盘棋后，要重新把整盘棋摆一遍，看看哪里下得好，可以继续沿用，哪里需要改进，对下得好与坏，都要进行细致的分析与推演。将整个下棋的过程如放电影一般在脑子里过一遍，思考每一步的合理性，为什么要走这步，这一步走得好不好，如果改变方向去走另外一步，会出现什么样的结局。经过一轮复盘之后，就可以从中总结规律，将千百个小点都紧紧地拴在中心线上，以此来提升自己的能力。

孟子曾说"仁者如射"，意思是射箭的人要先端正自己的姿态然后放箭，如果没射中，不要埋怨那些胜过自己的人，要反躬自问。这当中已隐约含有复盘思维。历史上利用复盘思维获得成功的例子数不胜数。苏秦就是很好的例子。他师从鬼谷子，学成之后，出游数载，希望靠自己的三寸不烂之舌谋得一官半职，却一直未得到重用，最后穷困潦倒地回到了家里。在家中过得很艰难，自尊心受到了损害，可他并没有萎靡不振，而是耐心回顾了游说的经历，进行自我总结，终于找到说服各国国君之策。接着他开始了游说六国的征程，成为历史闻名的纵横家。

复盘思维不仅在历史上被广泛应用，在现今时代也已无处不在。著名的联想集团创始人柳传志曾说："在这些年的管理工作和自我成长中，'复盘'是最令我受益的工具之一。"柳传志将复盘思维成功地运用到企业管理中，在企业进行重大决策时对以往工作中出现的失误加以分析和总结，从中找到解决问题的办法，合理科学地规划企业的未来，从而提升了决策效率和企业竞争力，联想也成了家喻户晓、闻名遐迩的企业。柳传志的著作《我的"复盘"方法论》，就是对这一有效思维方法和管理经验进行的智慧总结。

事事都可运用复盘思维，复盘思维可以深入我们生活的方方面面。复盘可按照方法一步步地进行操作，如最常见的"GRAI复盘法"，即Goal（目标回顾）、Result（结果陈述）、Analysis（过程分析）、Insight（归类总结），一共四个步骤。复盘可以让我们避免重复犯错，不在同一个地方摔倒，同时也能磨炼我们的内心，注重细节。但也不可将复盘形式化，太急于得出结论。

获益思维

事情都有两面性，要用积极面去激励自己。

　　遇到事情，常常运用获益思维，会让我们的生活态度更加积极。事情都具有两面性，硬币有两面，当遇到不幸或不乐观的一面时，我们要学会用积极面去激励自己。凡事都有注定，有些是不可改变的事实，只有在心理上先接受，而后调整自己的心态，汲取积极力量，这样才能更有勇气和力量地向前行走。美国文学之父华盛顿·欧文的传世佳作《见闻札记》中写道："一切的和谐与平衡、健康与健美、成功与幸福，都是由乐观的向上心理产生与造成的。"足以见得一直用积极面去激励自己至关重要。

　　我们熟知的海伦·凯勒是美国著名作家和教育家，她的精神和理念影响了千千万万的人。在她一岁多的时候，因为发高烧，脑部受到伤害，从此以后，她的眼睛看不到，耳朵听不到，甚至后来，连话也说不出来了。在她七岁那年，家人为她请了一位家庭教师，也就是影响海伦一生的苏利文老师。苏利文小的时候也差点失明，了解失去光明的痛苦。在她的指导下，海伦用手触摸学会手语，摸点字卡学会了读书，后来用手摸别人的嘴唇，终于学会了说话。海伦·凯勒没有被不幸吓倒，对待生活也总是积极向上，不幸让她更加珍惜生活，沉淀自己的内心。

伟大的发明家爱迪生同样也具有乐观的精神。曾经一场大火把他的实验室烧成一片废墟，爱迪生研究有声电影的所有资料和样板都被烧成灰烬。他的妻子难过得哭了出来，爱迪生又怎么会不伤心呢？但他没有因此趴下。之前发明电灯时，他先后试验了7600多种材料，失败了8000多次，仍不气馁，终于获得成功。眼下这场火灾也同样不能使他退缩。爱迪生对妻子说："不要紧，别看我67岁了，可是我并不老。从明天早晨起，一切都将重新开始。"从灰烬中看到新的希望，自强不息，恰恰也是爱迪生成功的重要因素。

中国的张海迪，小时候因患血管瘤导致高位截瘫。在她15岁的时候，她就跟着父母到农村生活。在农村，她处处为别人着想，为人民做事。学针灸时，为了体验针感，她就以自己为实验对象，在自己身上反复练习扎针。张海迪一面鼓励着病人要有增强战胜疾病的信心，一面翻阅大量书籍，精进自己的医术，精心为病人治疗。短短几年，她居然成了当地的一个年轻的"名医"，为群众无偿治疗达1万多次。无论是医术，还是后来的文学成就，张海迪从自身的坎坷中汲取力量，并不断地往外散发，她比很多人都更高大。

达尔文在《物种起源》中曾说："乐观是希望的明灯，它指引着你从危险峡谷中步向坦途，使你得到新的生命、新的希望，支持着你的理想永不泯灭。"在事情中看到积极的一面，福祸相依，用积极面去激励自己，这样我们的心态会更加成熟，步子也会迈得更稳。

观照内心真实感受的思维

向内求，再往外延伸，同时有意识地管理自己的欲望。

李斯说："泰山不择其壤，故能成其大，河海不择细流，方能成其渊。"我们每天只有修行不止，观照自己的内心感受，努力打理好自己的日常生活和工作，才能让我们的生命之花开得更加灿烂。在不断追求物质生活的时候，也别忘了专注于自身的呼吸和意识，感知生命每一瞬间的变化。在专注于一呼一吸的同时，让自己沉浸在抛开万物的状态，找到心灵的平衡。

只要我们安静守护自己的内心，观照自己的每一个念头，虔诚地对待自己的内在，而不是做做样子，那么从内在的层次，我们就已经转化了心境，从而升华了我们的生命，展示出了最大的成就。

古代的生产力水平远不如现代社会，但古代人依然拥有自己的快乐，苏轼和好友在夜空下漫步，也会有"何夜无月？何处无竹柏？但少闲人如吾两人者耳"的惬意和快乐。可见幸福指数并不能只从物质生活来衡量。如果我们只看到与自己相关的那么一点点东西，故步自封，那我们自然享受不到终极幸福，想要获得终极幸福，不是光靠发展生产力水平就可以的，观照自己的内心世界是一件很重要的事情。

在百家讲坛中，于丹曾经阐述过"聪明"的含义。这两个我们极其熟悉的字，有着非凡的含义。她说："真正的'聪'是能够听见自己内心的声音，真正的'明'是能够懂得自己生命最初想要的东西。"我们一直以为聪明就是智慧，但其实聪明在另外一种境界来说是要向内求，观照自己内心的感受。苏轼说起自己一生功绩，"黄州、惠州、儋州"而已。苏轼一生仕途坎坷，但他的生命依然散发着通透豁达的光芒。在苏轼的思想中，儒释道三家被温柔地糅合在一起，绽放出独特的光彩。

做到观照内心，除了要接受独一无二的自己，也要学会接受独一无二的别人，用批判和辩证的思维来看待自己和他人，自己在内心始终有一个明确的人生目标，明白自己生命最初想要的东西，不偏离航向。

做到观照内心，就要学会"吾日三省吾身"。每天用一定的时间，以问题为中心，而不是以自我为中心，多多聆听自己内心的声音，总结每天的得失。做到观照内心，就要努力做一个自主的人，"别人的话随便听一听，自己做决定"。又如春秋时的许穆夫人所发出的"百尔所思，不如我所之"，意思是我们要坚持自己内心的独立性，并坚持去实践。同时我们也要学会做一个宽容的人，有容人和容己之量。

观照自己内心的感受，向内求，让内心充满力量，再往外延伸，并在不断观照内心中收获快乐，积极进取。

务实思维

梳理目前最主要的情况，确定当下最紧迫的事情。

2010年北京卷高考作文题为"仰望星空与脚踏实地"。仰望星空，有着远大理想的同时，也不要忘记脚下坚实的大地，脚踏实地，扎实工作，两者相辅相成，方能成功。脚踏实地，是让我们拥有务实思维。务实即务求实效，从实际出发，遵从现实事物，实事求是，做有现实可能性的事。同时实实在在地行动，踏踏实实地做事。最后追求实效，不做表面功夫，不自欺欺人，注重成果与效益的实在性。

在哲学史上，苏格拉底是一位极尽务实的人。他始终坚持对生活的每个部分，都必须尽力去看穿它可能会误导人的假象，抓住真正的、潜藏在深处的实在。这一观点在之后的两千五百多年间，引得哲学家、科学家和社会学家、政治学家彼此间争论不休。柏拉图主义者们认为语言比世界更真实，亚里士多德主义者们认为世界比语言更基本、更真实。

那篇脍炙人口的《奥斯维辛没有什么新闻》曾获得美国普利策新闻奖，是一篇优秀的新闻作品，被誉为"美国新闻写作中不朽的名篇"。标题中的"新闻"不仅指向新闻稿本身，还指向作者所报道的整个奥斯维辛。它跳出了传统新闻"客观报道""零度写作"的窠臼，大胆地在反映客观事实的基础上，着力表现作为一名有使命感的记者的主观印象和直观感受，激情洋溢地抒发了对法西斯暴行的深恶痛绝和对自由、解放、新生的无比珍惜之情。当前，新闻工作特别需要这样的务实思维。现在，我们不时可以看到这样的情况，新闻作品有时只顾获取点击量，或是流于俗套，透过这些现象做一番分析，不难发现，这是新闻工作缺乏务实思维的表现。什么是新闻工作的务实思维？新闻写作需要及时紧扣客观现实，准确、深刻地反映客观现实，使新闻工作真正承担起进行正确舆论导向的任务。

养成务实的思维是需要一个过程的，需要我们的经验积累，需要我们每天脚踏实地，容不得半点虚假，在思想上高度警惕。我们对于任何事情都要务实去做，尤其是对于我们选择的行业要充分理解，我们要务实地和本行业的前辈讨教，学习他们的经验，充盈自身，进而通过自己的努力发光发热。

在日常生活中，我们也要务实地学习一些优秀的思想，读万卷书，行万里路，用脚步去丈量这个世界，多和有经验的人接触，这样可以很快提高我们的整体务实思维。同时也不能好高骛远，学会梳理现下的状况，解决当前最要紧的问题。做实事，做一个实在人，没有人喜欢跟整天好高骛远、生活在云端的人打交道，要紧紧地抓住你脚下的大地，养成务实的作风，如此方能更好地仰望星空。

接受不确定性的思维

我们要适当地放过自己，不确定性才是生活本来的面目。

科技和技术让现今世界日新月异，飞速发展。短短几年间，都可以让你曾经熟悉的世界变了个模样，一座又一座的高楼拔地而起，家乡原先清澈的河流也不见了踪影。我们生存在历史的洪流中，被裹挟着不断向前奔走，有时，会不知道自己前进到了什么地方。这个世界发展太快，新旧思想更替，整个社会充满了太多的不确定性！

不论你是否察觉，过去几年，我们的命运在悄无声息和波澜壮阔这两种看起来对立却又统一的状态中都发生了令人难以置信的改变。有些人在时代的潮水中被打乱方向，有些人固执地不肯顺应这潮水，却也难免湿了一身。我们总是更愿意接纳已确定的、明晰的事物，认为一切问题皆有答案，甚至是标准答案，但并不是所有的问题都有答案，因为我们正处在一个不确定的时代。

其实，不确定性已经是未来社会的一种常态。不管我们喜欢与否，都会伴随我们一生。然而不确定性在带来焦虑的同时，也会带来机会，关键在于我们如何看待；是否有能力在不确定的波涛中劈浪前行；是否能够一直稳住心态，在前行的路上不崩盘。

随着5G时代的到来，智能识别、无感支付、人工智能、物联网、大数据、自动驾驶等技术将颠覆更多传统职业，曾经最稳定却缺乏灵活性的职业将最先被淘汰，一大批顺应时代潮流的新职业将顺势崛起。现今的社会发展不断前进，国际形势和国内环境不断变化发展。作为一个现代人，要掌握的一项技能就是应对变化，接受不确定性。在不确定的时代，没有人能有上帝视角，也没有预备好的答案，而身处其中的人们由于认知的不同，正在收获不同的结果。无常才是事物最本质的状态，要把无常当有常。

《金刚经》是佛经中影响最大的一部经典，其中有一句话非常经典："一切有为法，如梦幻泡影，如露亦如电，应作如是观。"大概意思就是让我们不要执着于两端，有和无都不是绝对的。无常、无我才是这个世界的根本。

元认知思维

长期记录自己的第一反应，以此来观照自己，打消恐惧，稳步前进。

元认知思维中的"元认知"，指的是人们对周围事物或内心世界产生的一种最直接的想法和思维，即第一反应，类似于直觉。长期记录自己对不同事物产生的第一反应，以此来观照自己的思维和内心，在一定程度上打消自己的胆怯、焦虑、担心、害怕，改变自己对事物的固有看法或特定思维模式，这样可使自己在生命路途中稳步前进。

人和人的区别不在于智商，而在于思维模式。元认知思维是一种"对于思维的思考"，这是人类所特有的思维模式，能帮助我们从问题中暂时抽离出来，以一种旁观者的角度去重新审视所发生的事件，暂时不去掺杂太多的个人情绪。每当我们对思维过程和所获得的知识进行反思时，其实都在使用元认知。对于自己遇事的第一反应要保持警醒和警惕，如果不去注意，让它们白白流失，则遇到问题还是可能按照以前的行为模式来操作，"在同一个地方跌倒两次"。

读书时期，我们往往会有这样的经历，错过的题目有可能还会错第二次，有时还会发现错的是同一个知识点。这个时候，我们就要提醒自己，去还原自己做题时的整个思维过程，检验是否第一步就已出现问题，改变思考的第一反应。工作之后，你所在的行业领域，你是每天按部就班地完成自己的工作，还是能够看到行业的发展趋势并能做出深刻的分析，而不是简简单单地停留在表象？人云亦云、随波逐流，抑或是入木三分、深度思考？这就是元认知能力的效用。元认知能力强的人，往往能够从事情中看到隐藏在事情背后的深刻原因，能够分析出别人是如何思考的，同时还会根据思考的结果修正思考逻辑和方法。

　　如何一点点地去改变自己的思维模式，进而让自己的生活发生改变呢？第一，我们可以养成记录自己第一反应的习惯。人大都贪图安逸，喜欢待在舒适圈中，所以当我们不想做某事但这件事其实是有益的时候，可以启动元认知的思维模式，捕捉自己的想法，找到原因，并且将其记录下来，这样长久坚持，可以调整自己的思维模式，优化事件的过程。第二，记录可以改变我们的思维模式，我们的思维模式会不断调整优化，从源头开始追踪，促发积极的行为，形成正能量循环，而不是遇事下意识地逃避。因为不同的思维模式会驱动不同的行为，当思维模式改变，遇到事情就不是逃避，而是积极应对。不管是学习，还是其他让自己发怵的事物，都可以用来观察脑海中的第一反应。当你记录的时候，就是在和自己对话，这是改变和进步的第一步。

蓝斯登定律思维

进退有度，才不至进退维谷；宠辱皆忘，方可以宠辱不惊。

"在你往上爬的时候，一定要保持梯子的整洁，否则你下来时可能会滑倒。"这句出自美国管理学家蓝斯登的名言，被业界称为"蓝斯登定律"。蓝斯登首先点明了人是一种往上爬的高级动物。无论是基层还是管理者，人人都希望自己升迁。君子爬高，攀登有道。蓝斯登同时也告诉人们："一定要保持梯子的整洁。"他言简意赅地道出了爬高时梯子所应具备的条件：一是梯子要完整，每一级都不能有损缺，否则，爬在半路可能会摔下去；二是梯子的摆放要平整，否则随时会有倾斜而倒的可能。蓝斯登最后则说，"否则你下来时可能会滑倒"。任何一个人哪怕爬得再高，最后都是要"下来"的。倘若在爬高中没有"保持梯子的整洁"，下来时就可能滑倒，且爬得越高，可能摔得越惨。

蓝斯登把一个人社会地位的升迁，用爬梯子这样生动形象的比喻来加以阐释，通俗易懂。社会像一架无形的巨大梯子，每个人都处于梯子的某一级。在攀爬中，迫切想爬高的人，往往会踏在别人的肩膀上，不顾别人的生死。这就出现了蓝斯登所说的

"洁"，梯子不仅要"整"，还要"洁"，你踏着别人的肩膀上去，损人利己是不洁的。

　　而且人在攀爬过程中难免会遇到各种诱惑，如果在"某一级"把持不住，没有管住小节，就会为"下一级"乃至晚节埋下隐患。要知道，小节并非小事，小节连着大节，小节决定大节，小节不守则晚节不保。如果向上攀爬时使阶梯脏污或损坏，则阶梯不再整洁、坚固，再向上或向下时，不是自己滑落摔下来，就是梯子最终坍塌。蓝斯登定律告诉我们的道理浅显易懂，人无论在什么时候，一定要多想一想，想远一点，想多一点，最大限度地做好充足的准备，那么就能应对事件的发展。

快速停止负面情绪的思维

关注自己的情绪，快速停止负面情绪。

　　每个人都会在不同时期遭遇挫折，面临人生的低谷，此时负面情绪会盘踞在我们的脑海中，让我们异常难受。如果得不到抒发和排解，还有可能会引发严重的心理问题。

　　日常生活中，人们这样、那样的情绪越来越多，大家都会体会到负面情绪，负面情绪会影响我们正常的工作与生活。那么，我们该如何快速从负面情绪中脱离呢？首先，要学会接纳你的负面情绪。在这里，我们可以使用换框工具，意思是任何消极负面的情绪，都有其正面的意义。所以当遇到负面情绪的时候，我们可以正面地描述它，看到硬币的另外一面。其次，使用格物工具，就是将你的注意力投射到周围的世界，可以不停地去发问，也不需要回答，让自己的心静静地沉浸在对世界的探索中。

　　另外我们还可以做的是接纳负面情绪，学会去体会负面情绪。接受现实，尊重现实。要认识到，消极情绪也是人类心理的一部分，是客观存在的，是不可抗拒的。当你能和它和平共处时，消极情绪将再也无法对你造成影响。我们陷入消极情绪的原因，大多是因为受到了失败的打击。当我们的期望得不到满足，我们自然会变得消极。而不正确的激励措施则会加重消极情绪。我们可以对自己的努力进行褒奖，而不仅仅是对于成功。

很多人喜欢日本姑娘福原爱，并不仅仅因为她跟中国队渊源深厚，也不仅仅是因为她长得可爱，更不是因为她爱哭。而是每次哭过之后的她，都让我们看到一个更加自强不息的灵魂——这个四岁起就在乒乓球桌前一边哇哇哭着一边还坚持打比赛的姑娘，流眼泪但并不止步于眼泪，输却从不认输。

她的情绪疏导十分畅通，一难过就哭，哭就是她的绝招，哭过就好了，哭是她快速纾解和发泄负面情绪的独门绝技。哭完了才能迅速整理好自己的情绪，投入到新的挑战中。2016年中国女乒成功卫冕团体冠军，成就奥运三连冠。在我们为这一消息热泪盈眶的时候，还有这样一条新闻同样能给我们力量，那是爱哭鼻子的日本乒乓球运动员"瓷娃娃"福原爱在摘得铜牌之后的一段感言。

她说："我的队友场场拿两分，我场场输两分，压力太大了，我哭得都要把被子湿透了。今天输给于梦雨之后，我告诉队友，要相信自己！尽管离银牌还差一点，但铜牌也相当于金牌了，你看'铜'字拆开，不就是同金吗？"福原爱快速地疏导了自己的负面情绪，乐观积极，难怪能获得这么多人的喜爱，而且自身在乒乓球界也占有一席之地。

快速停止负面情绪，大喊、运动、听音乐或者写东西，都是自我情绪疏导的好方法。而且你也要找到最适合自己的情绪纾解方法。负面情绪无可避免，我们无法修炼到百毒不侵，只能期望自己随时随地保持觉知，化消极为积极，化悲愤为力量。

自上而下表达的思维

自下而上思考，总结概括；自上而下表达，结论先行。

芭芭拉·明托在《金字塔原理》一书中介绍了金字塔结构的思维方式。金字塔原理就是"以结果或结论为导向的思考、表达的过程"，即自上而下的表达。这是一种结构分明、层次清晰的思考和沟通技术，可以帮助我们高效地进行思考和表达。

当我们思考或表达一件事情时，可以先提炼出一个中心思想或先抛出最终结论，这个结论下面必须有几个分论点作为支撑点，每个分论点可能会向下延伸出新的论点，或需要有力的论据作为支撑。这样一层一层向下延伸，直到不需要再分解和提供支撑为止，这样所呈现出的是一种金字塔结构，因而被称为金字塔原理。冯唐对本书的评论精辟到位，他利用了《道德经》中最经典的一句："道生一，一生二，二生三，三生万物。"

我们要自下而上地进行思考，自上而下地进行表达。人类身上有一个共同特点，我们只有把自己的想法化于文字，无论是口头还是书面，才能够准确把握自己的思想。有时候一个人的想法很多，在写文章、演讲、思考的时候把它们一个个都罗列出来，看似写得翔实无比，实则毫无观点可言，别人看了也不知你表达的是什么。条理清晰的文章，必须准确、清晰地表现同一主题下的逻辑关系和道理。

可以尝试这样一个小方法。把自己的想法从笔记本的一大页或两大页转移到一张张独立的小卡片上。一张卡片对应着一个想法，尤其是在想法很多的时候，通通写在卡片上。写完了，再全部平铺在桌上，让自己的想法也很清晰地呈现在眼前，找到对应的逻辑关系。这个方法对自己的逻辑概括能力也是一个很好的锻炼。

理清表达思想的顺序，是写出条理清晰文章的最重要方式。思维清晰了，写出来的东西才是清晰的。而清晰的顺序，就是先提出总结性思想，再提出被总结的具体思想，一层一层往下剥，就像剥竹笋一样。先总结后具体，自上而下表达，结论先行。无论是说话、写作、讲故事时，注意先把结论提出来，再进一步描述细节，这样的好处是一开始受众会知道你的中心思想是什么，从而进一步去聆听你是从哪些细节方面得出这个结论的，这样更加有针对性。

在表达观点的时候，尤其是在商务沟通场合，如会议沟通、商务汇报、发送邮件等职场场景，自上而下先说结论，然后再说具体细节。长期这样练习，我们很快就能练就高效、敏捷的逻辑思维。"自下而上思考，总结概括；自上而下表达，结论先行"，坚持练习一个月，相信这种思维方式会根植在脑海之中，伴随我们终身。

波克定理思维

只有在争辩中，才可能诞生最好的方案和最好的决定。

美国庄臣公司总经理詹姆士·波克提出了波克定理，主要是说无摩擦便无磨合，有争论才有高论，只有在争辩中，才可能诞生最好的主意和最好的决定。波克定理思维多用于做决策时，只有多听取意见和建议，做出的决策才能更公正客观。比如企业中的团队都是由一个个成员组成的，每个人来自不同的地方，生活阅历和经验都不尽相同。当团队中出现不同意见时，来一场实实在在的"争论"，给团队成员带来一场头脑风暴的思想洗礼，是非常有意义的事情。这也就是在讨论一件悬而未决的或刚刚起步的事情时，我们往往进行头脑风暴的原因。

只有每个成员都发表了自己的意见并为之讨论、发散自己的思维时，这个团队才能变得更加团结和健康。如果不愿意听取团队成员的意见，一意孤行，不聆听来自外界的声音，那么要实现团队的目标非常困难。但这种争论不是每个成员天马行空、乱说一气，每个人都学会正确地提出观点并积极参与讨论才是成功的关键。只有在争辩中，才可能诞生最好的主意和最好的决定。古人云：唯在辨中，乃能生之至计。所以争辩有时也不失为一剂良药。

波克定理有其自己适用的情形，即成员的能力彼此相当。如果两个人相差太远，那么即便争辩有益，那么可能会浪费太多的时间在无意义的事情上。另外双方的思维沟通一定要是理性的。尽管每个人的想法会片面——这是一个普遍的客观事实，但是总会有与他人相比更加独到的地方。

全国乡镇企业500强中位居前列的南山集团的成功，有两大法宝：一是批评，二是争论。领导班子成员每天早晨都会集中到集团办公室开碰头会，汇报工作不准表扬自己，更不准赞扬领导，只讲问题、讲办法，领导进行深度概括，只批评，不表扬。

南山最怕的不是批评，而是宣传和表扬，南山集团董事长宋作文有句名言："一边跑一边喊的人跑不快。"南山的争论，其实就是民主决策的过程。凡是重大问题，成员必须调研、讨论、集体决策，尤其是涉及项目、投资等发展大计，班子成员往往争论得面红耳赤，用他们的话说，都是"吵"出来的，不"吵"透了不罢休。南山集团董事长虽然做事果敢，但从不会一锤定音。他说："争论出真知，争论少失误。"只有在争辩中，才可能诞生最好的方案和最好的决定。

波克定理思维强调发挥个人观点，鼓励个人积极参与团队决策，群策群力是成功之本，但要注意方法的应用得当。优秀领导者的决策，不是从众口一词中得来，而是以互相冲突的意见为基础，从不同的侧面、不同的观点、不同的见解和判断中进行筛选，层层递进，盘旋上升，有重叠也有前进，碰撞出思维和真理的火花。

平行思维

> 著名的"六项思考帽"，用来帮助我们在同一时间内只做一件事情的思考方法。

平行思维，即著名的六项思考帽，是由英国学者爱德华·德·博诺博士开发的一种思维训练模式，或者说是一个全面思考问题的模型。六项思考帽，是指用六种不同颜色的帽子代表六种不同的思维模式。任何人都有能力使用以下六种基本思维模式：白色思考帽（事实、数据）、绿色思考帽（创新探索、激发成长）、黄色思考帽（正面优点、利益价值）、黑色思考帽（否定批评、缺点评估）、红色思考帽（主观直觉、感情自我）、蓝色思考帽（理性总结、组织步骤）。

六顶思考帽就是用来帮助我们在同一时间内只做一件事情的思考方法。我们不再同时思考太多事情，而是在同一时间内只"戴"一顶帽子。帽子的六种颜色就如前面介绍所言，不同的颜色代表不同的思考类型。

传统的逻辑思维是一种纵向的思维模式，容易使思维复杂化、片面化和对立化。英国学者德博诺博士从平行思维的角度，开发了六顶思考帽思维模式，为人们提供了思维的抓手，有效地避免了传统思维的弊端。运用"六顶思考帽"的思维模式能够使思考者明晰目前存在的问题，明确要达到的目的，条理清晰地列出该采取何种具体方法来解决问题。

平行思维解决了现实生活中的很多问题。全球最大的保险公司保德信将"六顶平行帽"奉为圭臬，进行长期的贯彻和运用，其总部的地毯就是用彩色的"六顶思考帽"图案编织而成。保德信保险公司运用德·博诺博士的六顶思考帽把传统的人寿保险投保人死亡后支付保险金改革为投保人被确诊为绝症时即可拿到保险金。这种方法目前已经被许多国家的保险公司所效仿，被保险界认为是人寿保险业120年来最重要的发明。平行思维还曾经拯救了奥运会的命运，1984年洛杉矶奥运会的主办者就是运用了"六顶思考帽"的创新思维，使奥运会从曾经的"不受人待见"变成了现今世界上最大的体育盛事，并且盈利不菲。

六顶帽提供了"平行思维"的工具，避免将时间浪费在互相争执上。平行思维强调的是"能够成为什么"，而非"本身是什么"，它是寻求一条向前发展的路，而不是争论谁对谁错。运用德博诺的六顶思考帽，将会使混乱的思考变得更清晰，使团体中无意义的争论变成集思广益的创造，让每个人都变得富有创造性。

六顶思考帽是平行思维的工具，也是我们创新思维的工具。不仅如此，它也是人际沟通的操作框架，更是整体提高团队智慧的有效方法。

"一战而定"思维

百战百胜，不如一战而定。

孙子云：不胜不战。打不赢就不要打，没有胜算那我们就等待。古人有言"兵马未动，粮草先行"，说的就是这个道理。兵家的思想，讲究一战而定。战争不是一方打过来，另一方立即就打回去，这样一来二去也不知道什么时候是个头。

在真正的战争中有两项至关重要的事情：一要弄清楚为什么要打；二要弄清楚这场仗的胜算有多大。"为什么要打"很容易弄明白，霍尔巴赫说得好："利益是人类行动的一切动力。"一切无非就是利益相争。那么胜算如何计算呢？其实做任何事情都讲究时机，不该进行这个行动时什么也不要做，做的话就要一鼓作气，坚持到底。

百战百胜，不如一战而定！历史上项羽和刘邦的故事家喻户晓。秦末时期，项羽和刘邦为争夺帝位，进行了数年战争，史称"楚汉相争"。在近五年的楚汉战争中，项羽逐渐由强变弱，最后被刘邦的军队包围。项羽在之前百战百胜，只输了最终一战，自刎乌江。高手间的战争从来都是一战定胜负的。在许多人颇为喜爱的斯诺克比赛里，双方都是顶尖的高手，一次防守的失误，不是丢几个球的问题，而是这局的失利。所以必须招招做到万无一失，要么攻到底，要么让对手无懈可击。

比赛如此，学习也如此。有一个有名的复利曲线。之前所做的种种努力都是小小的量变，当量积累达到复利曲线的拐点时，之后的增长将是指数级别的，迅猛无比，一路飙升。

正如孙子所说，胜负在战斗开始之前就已经决定了，真正开打就是准备充足的一方来验证而已。商战亦如此，两个商业巨头间的战争，也是一战决定市场份额。如果你毫无准备、积累意识，战争开始后，你只能缴械投降。

一战制胜，一战而定，养成并不断强化这种思维方式，赢在最关键的地方，才能走得更远。

先胜后战思维

胜兵先胜而后求战，败兵先战而后求胜。

《孙子兵法》中有一句话："胜兵先胜而后求战，败兵先战而后求胜。"意思是说：胜利的军队总是先制造胜利的态势，然后向敌方挑战，而失败的军队，都是先同敌方交战，然后尽力在作战中取得胜利。通俗一点来讲，就是说：高手打仗，要么不打，要么一打就赢。对于一个善战者来说，战争只是一个过程，不是通过战争把敌人打败，而是在开战前确定敌人必败无疑。善战者先胜而后战，要胜中求战，不要战中求胜。这也就是先胜后战思维。

先胜后战思维指的是在追求极大确定性的条件下才行动。在行动之前我们已经做了充分的分析、权衡、准备和推演。行动之时，结果已经基本确定，剩下的只是交给时间，让结果自然而然地呈现出来。孙子又曰："夫未战而庙算胜者，得算多也，未战而庙算不胜者，得算少也；多算胜，少算不胜，而况于无算呼？"意思是：在战争未发动以前，先比较敌方和我方优势和劣势，如我方优势条件居多，夺取胜利的机会便大；如我方所占优势较少，则得胜的机会亦较少。

在股票市场中，投资如打仗。在购买股票之前，要冷静地思考，仔细地分析自己的经济能力有多大，能承担多大的风险，适合于长线还是短线。经过一番分析比较后，再选择适当的时机，把优良的股票作为自己买进的对象。

世人皆知的巴菲特是价值投资的集大成者，获得了巨大的财富。巴菲特的价值投资思想也是强调要高度重视分析、准备，充分认识到盲目投资的危险性和不可取处，慎重投资、充分准备和分析后才能投资，以确保个人、家庭和组织的资产安全。所以巴菲特说："投资的重点不是非常多的动作，而是非常大的耐心。你要坚守你的原则，当机会出现的时候，就大力出击。"没有足够好的投资机会的时候，价值投资者可以按兵不动；等到时机成熟之时，再一举出击并拿下。

做事情不要一味鲁莽，不计后果和得失，要有先胜后战的理念。我们都是平凡的普通人，积累财富更是不易，如果盲目投资，多年积累的财富可能一夜消失。因此投资也好，做其他事情也好，要三思而后行，有胜算的把握再去做。

失败前提思维

做任何事之前，一是考虑风险，二是考虑代价，第三才考虑利益。

失败前提思维是《孙子兵法》中著名的思维方式，几乎贯穿始终。孙子思想的重点在于：做任何事之前，一是先考虑风险，二是考虑代价，第三才考虑利益。利益有时会让人盲目并犯错，见利而忘义，无法挽回。焦虑过多则会影响人的情绪和判断，在生死存亡、千钧一发的时刻，焦虑则会容易使人出错。

那么我们如何来避免这些我们不想看到的情形呢？那就是首先在脑海中假想失败。这和我们常用和熟悉的思维方式——假想成功不同，它是处处以失败为假设前提，无论是思考、分析、判断、谋划还是决策，每一步的谋定都是围绕如何避免失败，减少付出与代价，将损失控制在最小，如此立于不败之地，等待一战而定，获得最后的成功。

胜利可能不会百分之百，但失败的情形可能会大概率出现。考虑到最坏的结果，必胜不可知，必败是可知的。世界上没有永远的胜利，除非立于不败之地。投资界泰斗级别的人物芒格就将《孙子兵法》中的失败假设思维运用到极致。他曾在1986年哈佛大学毕业典礼上的演讲说："尽可能从你们自身的经验获得知识……愿你们在漫长的人生中日日以避免失败为目标而成长。"芒格持续不断地收集失败案例，并把那些失败的原因做成清单，经常查看，这使他在人生、事业的决策上几乎从不犯重大错误。

　　李嘉诚说过："做任何事情先考虑失败。"这和《孙子兵法》中的失败前提思维不谋而合。其实这个思维是在强调我们的基本功，告诫人们要抓住基本面，管好自己，不断修炼，等自己强大了，再等待时机，要么不出手，一出手就要大获全胜。对于经营公司而言，则更要审时度势，看清市场大环境，先能避害，才能趋利。因为利益可以再来，明天没有，以后也会有，但是致命的伤害却有可能让我们直接失败，所以避害比趋利重要得多。

BOSS思维

只有保持全局思维，才能抓住整体，直击要害，不失原则地采取灵活有效的方法处理事务。

BOSS思维，即全局思维，要从事物的整体大局出发，先暂时不去在意细枝末节，而从整体框架和最终结果出发，来逆向推演。BOSS思维，是一切以系统的整体及其整个过程为基准而进行思考的思想和准则，从客观整体的利益出发，站在大局的角度看待问题、想出办法，最终做出决策。

BOSS即一个公司或企业的领头人，BOSS思维是我们要掌握的一个基本思维。缺乏全局思维，管理团队的时候，你可能会摸不着头脑，感觉如在云端，会不知该如何做，也不知道问题出在哪里。

BOSS思维的核心，是要帮助我们避免"只看眼前，不看长远"的情形。这个原则要求我们无论干什么事都要先立足整体，从系统与要素、整体与部分的相互作用和相互关系来认识和把握整体。只有保持全局思维，才能抓住整体，直击要害，才能不失原则地采取灵活有效的方法处理事务。

《三国演义》中的诸葛亮就是运用全局思维的高手。如果你熟读《三国演义》，仔细去研究诸葛亮每一次出兵之前的策划与运筹之法，就会发现诸葛亮的核心思维之一也是逆向全局思维。我们都熟悉因果法则，而全局思维就是从结果出发，逆向思考，以终为始，按顺序执行，对中间的人、事、物也留一定的变量，最终掌控全局。《三国演义》中经典的"魏延之死"就是完全的逆向布局，人、事、物都是诸葛亮在生前所设。《三国演义》为了塑造诸葛亮的伟大光辉形象，突出他能预算身后事，安排他一直想杀魏延，而杀魏延也是诸葛亮死前定下的计策。提前布局，时机一到，结果魏延。魏延之死突出了诸葛亮的无上智慧。BOSS思维放到现今社会，则是从公司的整体规划和最终目标出发，不为了蝇头小利而牺牲未来，也不要一叶障目，一切从大局出发，谋定而后动。

全局思维要求我们站在系统的角度，去思考待解决的问题产生的背景。也就是说，从一开始我们在面对一件事情的时候，就要站在问题的最高点，俯瞰全局，要对整体有精准的把握。运用全局思维，会让我们迅速抓住问题本质，提高问题的解决效率。

掌握全局思维，会让你学会将视线从小的细节转移到大局整体上，而不是只关注眼前的问题。以此出发，再去规划细节的执行和安排。这样就能保证你的解决方案是以整体目标和整体利益为重，具体的执行过程也是为了整体目标的实现而设定的。对于管理者来说，则更加需要了解这样的系统思考方式，来帮助组织将任务和目标细分，增强实践效果。

实证主义

事虽小，不为不成。

实证主义，即实践出真知，行胜于言，也就是我们常说的"不要做语言上的巨人，行动上的矮子"。行动强过一切言语。俄国的车尔尼雪夫斯基说过："实践，是个伟大的揭发者，它暴露一切欺人和自欺。"《荀子》中有这样一句话："道虽迩，不行不至；事虽小，不为不成。"意思是即使是再近的路，不走也不能到达；即使再小的事，不去做也不可能完成。这一句话告诉我们，做事要有行动力，不能一直拖拉。有了自己确定和追逐的目标，就应该马上去努力追寻它。

荀子接下来还运用了很多比喻来说明：半步半步不停地行走，跛足的甲鱼也可以行至千里；一层一层不停积累，平地也能变成山丘。所以，不管是什么事，行动都是成功的前提条件。《荀子》还曰："不闻，不若闻之；闻之，不若见之；见之，不若知之；知之，不若行之。学至于行而止矣。"这里说的，也同样是这个道理。从闭目塞听的"不闻"到能够了解到知识的"闻"，再到亲眼看见的"见"，发展到有所了解的"知"，都不如能够亲身实践的"行"。这个过程，可以说是我们认识世间万事万物的起点和基础。

在生活中，我们能够看到登山队员们攀登最高的山峰，是一步一步走出来的；万丈高楼的崛起，是建筑工人们从地基开始，一层一层建造完成的。有了目标和方法，就得行动，得做，得坚持不懈地付出努力。不然，无论是简单的小事还是伟大的设想，都只是空想而已。

我们所熟知的明代名医李时珍便是将"知"付诸于"行"更反哺于"知"的极好例子。他在学医与行医的过程中发现，"读万卷书"固然需要，但"行万里路"更不可少。于是，他穿上草鞋，背上自己的药筐，走到遥远的深山，遍访名医和平民，在民间和山野中观察和收集药物标本，神州大地到处都留下了他求访、探索的足迹。他一路上跋山涉水，探求真知。对于之前的古医书中弄不明白的药理，他认真地询问民间的知情者，并且亲自探查实物。在实践中所得收获，都记录在了他的《本草纲目》一书中，流芳百世，造福后人。

著名的教育学家陶行知曾两次改名，他原来叫陶文俊，青年时期因崇拜理学家王阳明的"知是行之始"，改名"陶知行"。后来实践使他认识到应该是"行而后知"，于是，第二次改名"陶行知"。陶行知的故事也告诫世人，"行动是老子，知识是儿子，创造是孙子"。如此，行动的重要性不言而喻。

我们对事物要有所认知，就应该要学习研究，达到"知"，也就是了解。但是实践是检验一切真理的一切标准。如果在生活中，你确定了什么目标，更应该及时行动，勇敢追寻！

反直觉思维

找出事情的根本所在，剥开迷人的假象，找出最有效的解决问题的方法。

迈克尔·莫布森是当代复杂科学领域的领军人物，他的《反直觉思考》一书中提出的一些问题发人深省，譬如："为什么你制定计划的时候信心满满，最后却总是完不成？""为什么我们明知概率极低，却依然喜欢买彩票？""为什么每一个决定都符合逻辑，最终却没有得到好结果？"

他说道："我们的所有思考都基于大脑的'默认设置'，使用的是百万年进化形成的'自带软件'，这种思维模式就是直觉思维，是我们所迷信的因果、逻辑、秩序，但它已经不能适应这个互联网和大数据时代。要想做决定、做选择的时候不犯错误，我们必须掌握反直觉的思考方法。"莫布森提到固有思维模式会给我们带来常犯的错误，所以反直觉思维可以让我们警惕，可以辨别潜意识里的认知陷阱，也可以在别人的失误中掌握先机。

反直觉思维并不是反对直觉思考，而是对直觉思考做更多的考量和判断。人对未来的恐惧和现状的满足，会导致直觉慢慢开始走向固化，而僵化之后则很难走向成功。直觉思维常常被神秘化，乔布斯也声称自己做产品都是凭直觉。确实，直觉判断速度快，资深专业人士可以把自己平时的思考"内化"，凭借直觉快速做出判断。这是基于他们长时间培养起来的深厚的积淀和敏锐的洞察力。虽然生活中大多数决策都可以利用直觉和经验直接决定，但对于一些风险较大，在自然决策过程容易将你引向次优选择的时候，就需要使用反直觉思考。

在1998年的夏天，一家美国对冲基金公司损失了40多亿美元，不得不由银行财团提供紧急援助。而在此之前，管理公司的资深专业人员一直非常成功。作为一个机构，这些专业人员的智慧给人留下了深刻的印象。他们失败，是因为他们的金融模式并未充分考虑到资产价格的大幅波动。有时候，直觉带来的思考会产生"聪明反被聪明误"的后果。

职场上也最容易出现"代表性直觉"，大部分人都会因为某一个人的性格特征，而忽视此人的专业能力，凭借第一印象对一个人做出定性评价。而对于决策者来说，"反直觉思维"是非常重要的能力，能提高我们的决策质量，也能让我们避开陷阱，提高警惕，出其不意，占领市场。

首先，培养反直觉思维，我们可以提升判断力，在日常生活中努力识别信息流中的错误。其次，我们可以设身处地地了解别人的想法，考虑他人的观点或经验，同时考虑他人所处的境遇。再次，不要被细节所迷惑，细节越多，预测可靠性越差。多观察，多分析，从事物的本质出发，可以让我们少走一些弯路，从而更快到达自己想去的地方。

接纳与添加思维

接纳自己是良好沟通的前提，之后才能接纳别人，随后再返回来，丰盈自身。

接纳与添加思维，第一层含义是接纳，首先理解并接受外界所传达的理念、思想、知识；第二层含义则是有意识地进行添加，将你所接收的东西通过自身的理解、消化、融合，成为你自己的东西，让它属于你自己。接纳和添加主要体现在与他人的沟通和对待自己的态度上。

接纳自己是第一要务，尤其是接纳自己的缺点。一个人如果能够正视并接纳自己的缺点，就意味着他不仅能够正确地认识到自身的局限与不足，还可以杜绝怨天尤人、终日闷闷不乐的心态。这样的人不会把每天的时间浪费在对自己的责备和对生活的抱怨上，而是集中精力不断去发掘自己的优势，增强自身的能力，这样就可以在人生前行的路上少走弯路。它也包括接纳自己的负面情绪。情绪是正常的生理现象，不必慌张，接纳便好。

有本书就叫《接纳》，书中有这样一段话："你知道每个人最喜欢的人是谁吗？原来每个人最喜欢的人是自己，其次便喜欢能够接纳和理解自己的人。你知道每个人最讨厌的人是谁吗？原来每个人最讨厌的人是那些不能接纳自己的人，也就是在想法、感受、性情、志趣、为人处世等方面都和自己格格不入的人。"作者提出了两个问题，随即又进行了回答，两个问题都体现出每个人的一切都值得接纳，接纳在与自己和他人的接触和沟通中都至关重要。要知道每个人都有自己的天赋，都充满了生命的活力，每个人都是自己人生的专家，每个人都有对自己生活问题的答案，每个人的一切都是值得接纳的。

不仅要接纳自己，也要接纳他人。我们和任何人沟通时，如果最先的设定都是拒绝和逃避，那么交谈和了解将无法继续下去。我们都要先学会接纳对方，再给出建设性的意见。不管是在职场中，还是在普通生活中，与朋友交流，开放、接纳的心态都能让沟通这件事情变得更加容易。

做到了这两点之后，我们就可以思考"Yes and……"的问题了。在接受不完美的自己的基础上，我们可以更加合理利用工作以外的时间，拓展自己其他方面的能力，可以发展爱好，也可以培养某一方面的能力。慢慢地，你会发现自己的能力越来越强，能解决的问题越来越多，并且更加自信！

接纳，再去添加。先接纳自己，接纳自身以及自身所具有的一切，不会因优势而骄傲，也不会因缺陷而自卑。一个人不能接纳自己，连自己的问题都不敢正视，又怎么能良好地与他人沟通呢？所以，接纳自己，是良好沟通的前提，之后才能接纳别人，随后再返回来，丰盈自身。

"有所不为"思维

人有不为也，而后可以有为。

　　《道德经》中有一句话："道常无为，而无不为。"意思是道永远是顺应自然而无所作为，却又没有什么事情不是它所作为的。孟子又曰："人有不为也，而后可以有为。"是说人要知道什么不可以做，什么可以做，才能有所作为。还有句古话叫作"大丈夫有所为，而有所不为"，大丈夫顶天立地，有些事情就算卑躬屈膝也会去做，但有些事情三叩九拜也未必会理睬，这是告诫我们做人要有原则。"有所不为"的思维方式流传至今，其核心观点仍然是告诉我们该做的事必须做，不该做的事就不能做，这样的人才能有所作为。要学会取舍，要断恶修善，如此，才能成为大丈夫。

　　《后汉书》里有这样一个故事。大将军邓骘听说杨震德才兼备就征召他，举荐他为"茂才"。经过四次的升迁，杨震做了荆州刺史、东莱太守。当他去东莱上任的时候，路过昌邑，原来由杨震所推荐为茂才的王密现任昌邑县县令，王密为了感谢杨震的知遇之恩前来拜见，深夜带着十斤黄金用来赠送给杨震。杨震说："老朋友，我了解你是怎么样的人，你却不了解老朋友我，为什么呢？"王密说："深夜，不会有知道的人，您就放心收下吧。"这时杨震严肃地说："天知，地知，我知，子知。怎么能说没有人知道呢！"于是，王密羞愧地走了。杨震后来调为涿州太守，官越做越大，但品性依然公正廉洁，不接受私下的拜见。他的子孙常常只食用蔬食，出门步行，有长辈想要让他为子孙开办产业，杨震不肯，说："让后世的人称他们为清白官吏的子孙，把这个节操留给他们，这不也是很宝贵的财富吗？"

人的心中如果没有戒律，就很容易失去原则，没有底线。凡事都应该守住自己的底线，有所而不为。

时间跨到现在，在2010年的巴菲特致股东信里，他就利用这种逆向思维，说明了有哪些事情他永远不会做。分别是：不碰长期来看无法预测的生意；不依赖陌生人的善意；不干预下属公司的经营；不讨好华尔街。一个人要做什么，我们称之为有所为，而一个人不做什么、有所"不为"往往比他做什么更重要。看一个人不做什么，往往更能衡量一个人的道德水准和职业原则。

不管是在日常生活中还是职场中，守住自己的道德底线并日日践行，在被迷惑之时依然能够悬崖勒马，不停告诫自己。为自己确立原则，遵守原则才能更好地为自己撑起一片天。

10 → 10 → 10 原则思维

不谋万世者，不足谋一时；不谋全局者，不足谋一域。

在清代陈澹然的《寤言二迁都建藩议》中有这样一句话："不谋万世者，不足谋一时；不谋全局者，不足谋一域。"意思是谋事要考虑长远，不能为长远利益考虑的，眼下短期的谋划成功到后来也会落空；看问题也要站在全局的角度，不从全局的角度考虑问题的，那么在小的方面也不会有所成就。10→10→10 原则，言简意赅地来说，就是想得更远一点。要想做到思维严谨，行动行之有效，就要想得远些，面要全些。除了明白世间的道理要更全更远外，还要提醒自己，可能有自己还未了解、还未涉及的领域。这样，方能帮助自己建立起实事求是，先调查研究清楚，多想一点，想远一点，再做决定的好习惯。古人有云，"三思而后行"，这不是瞻前顾后，而是不断思考事情的合理性和前进的态势，如此一段时间后，思考事情、处理事情的想法自然而然会更加严谨和周全。

细细探究现代科技和社会的发展，日新月异和蹿红的产业，凡是经住了时间考量的，那些创始人、站在时代前沿的人，比一般人拥有更开阔的眼界和思维。只有拥有更开阔的眼界和思维，才能有更大的成就。比别人多想一点，才能够拨开迷雾，看得更加明白一点。

英国牛津大学曾经发生过这样一件事情。有一天，学校发现有350年历史的学校大礼堂的横梁已经朽化，必须更换。但是这二十根横梁由巨大的橡木制成，去哪里找长得一般粗壮的橡树，来保持这个大礼堂原有的风貌呢？这时，学校园艺师向校方报告，当年的设计师已经预想到这种情况，所以早令人在校内一块土地上种植了大片橡树。在一代代园艺师的耐心守护下，现在，每棵橡树的尺寸都超过了横梁所需的尺寸。大礼堂的横梁问题，可以圆满地解决了。几百年前就栽在校园中的橡树，是那个富有远见的设计师为牛津大学留下的一笔难以用金钱衡量的财富。也许曾经就有这样的礼堂，因为没有合适的橡木，所以消失在历史的长河中。比别人想得远一点，也许所产生的效果无法在短时间显现出来，但是如果将时间拉长，便更加能领略其中所蕴含的智慧与眼光。

哲学家黑格尔曾说，"一个民族有一些关注天空的人，他们才有希望；一个民族只是关心脚下的事情，那是没有未来的"。"远见"可以带着我们向前奔跑，如果一味鼠目寸光，则可能会一路跌跌撞撞。想得远一点，应该包括敏锐的洞察力、果敢的行动力。

一个人的成功之路，往往从眼界的提高开始。只有拥有更高的眼界和思维，才能有更大的成就。什么样的思维成就什么样的人生，更高的眼界和更开阔的思维，才是人生不断迈向成功的核心所在。

忽略结果思维

忽略结果，重视过程，避免情绪的干扰，以此来提高决策的质量。

忽略结果，不是说结果不重要，而是侧重点在于不根据结果判断决策的正确与否。解释得详细一点，则是我们着手去做每一件事情的时候，不管过程是否顺利、遭遇了多少困难险阻、压力有多大，都要始终保持良好的心态，不受情绪的干扰和影响。人只有在冷静的时候，才能做出高质量的决策。在一件事进行之前或进行之中，不要过多地去关注结果，因为大量注意力被放到结果上时，很容易出现急功近利、欲速则不达的情形，这样追求的结果一般不会太美好。

顶尖扑克选手安妮·杜克，被誉为"扑克女公爵"，在扑克界地位非凡。她撰写了很多关于扑克的书和指南，也为发展中国家的慈善事业做出了巨大贡献。她曾说道："很多人陷入的最大误区是，他们根据结果来判断表现。如果他们赢了，他们就会认为，他们做了正确的决策。如果他们输了，他们就会认为他们运气不好。在我的前半生，我是一个非常有竞争力的扑克玩家。这是我学到的有关做决策的最重要的经验之一，现在我把它带到了商业世界。"安妮·杜克打破常规思维，在一定程度上忽略结果，并不是不在意结果，而是在事情进行的过程中保持镇定，以便做出高质量的决策。

尤其是公司的领导人，在做决策时，你不可能掌握所有的信息，但即便如此，你依然是可以掌控决策流程的。所以每当要做一些重大决策时，可以向周围的人咨询，包括管理团队员工和客户等。而且不管事情进展得顺不顺利，心态和情绪都要保持稳定，这一点很重要。用"忽略结果"的方法来看待决策，能够提高你做出高质量决策的几率。

同时，中国有句话叫"尽人事，听天命"，最大程度上做好自己手头的事情，避免被不好的情绪所影响，按部就班，一步一个脚印，脚踏实地、努力拼搏后的结果一般都不会太差。

企业开会时，特别是涉及创新时，领导常会让员工们进行头脑风暴。头脑风暴并非不重视结果，而是要在思维的碰撞中擦出火花，点燃思想之火，以此更好地指导下一步。如果这时太关注结果，不允许天马行空的想法出现，要求每个想法都要指向明确的结果，那么人们的思维会大大地受到禁锢，不利于思想的创新。

忽略结果，重视过程，避免情绪的干扰，以此来提高决策的质量。

非共识思维

走非共识的路需要巨大的勇气，承受未知和迷茫压力的这段时间，也正是你检验、试错的绝佳时机。

非共识就是指在社会的共识中产生了不一样的想法。非共识一般适用于市场竞争中，因为共识在市场中也许是错误的方向，非共识正是值得突破的地方。共识可以帮助我们快速地理解世界，但是非共识能帮我们找回那些在抽象的过程中被丢掉的东西，这就是创新的起点。许多新事物在诞生的那一刻，会被视作大错特错，然后成为一场"伟大革命"，最后成为日用平常。非共识的核心即为创新。创新思维能让公司在残酷的市场竞争中披荆斩棘，赢得一席之地。

瑞·达利欧是全球殿堂级对冲基金桥水基金的创始人。他认为："每个人每天都会做很多决策，而这些决策都会产生一定的影响。从本质上说，你的生活质量取决于你做的所有这些决策的质量。要想在市场上获得成功，你必须成为一个独立思考者，因为共识通常都是错误的。你必须要有与众不同的观点和视角。要想在股市或创业中获得成功，你就不能与共识为伍。要想获得指数级的增长成果，你必须既不循规蹈矩，又做出正确的决策。这说起来容易做起来难，因为大多数时候你的决策都是错误的。然而，一旦你做出了正确的决策，市场给你的回报将是呈幂律分布的，即少数的正确决策将带来巨大回报。"瑞·达利欧的传奇经历和他的这一番话能给我们很多启示。创新的压力，很大程度上是"非共识"的压力。因为你做的，不是共识，不是大多数人所能接受的，所以他们不能信任你。其实创新的道路，就是非共识的道路，就是在怀疑与争议中前行的路。

如今，亚马逊无疑是全美最大的零售企业。早在1997年亚马逊上市时，行业领先的零售企业如沃尔玛可能并没想到这个来自西雅图、刚刚崭露头角的在线书店会侵蚀他们的市场。并且出乎人们意料的是，亚马逊的目标不仅仅在零售业，它正朝着技术、金融以及医疗等行业全面推进。2017年，基于强大的技术优势，亚马逊打通线上与线下，成为引领这个行业改变的领头羊。亚马逊颠覆了书店，颠覆了超市，也颠覆了计算能力市场。为什么亚马逊能一次又一次地在各大领域进行颠覆或发展，并且持续的时间也很长？原因就是亚马逊一直秉承的思维核心就是非共识，即一直走在创新的路上。

作为市场中的一员，在大浪淘沙下，要想创新并立于不败之地，首先要想办法回避那些错误的共识。另一方面，你必须采取一个非共识但正确的观点，才能打败竞争对手。走非共识的路需要巨大的勇气，在承受未知和迷茫压力的这段时间，也正是你检验、试错的绝佳时机。

路标式思维

路标式思维就像我们人生之路的线路图、指南针，如果它的方向是错的，那我们将走一辈子弯路。

英国作家刘易斯·卡罗尔说过："如果你不知道去哪儿，任何一条路都是你的选择。"在人生的岔路口，我们会面临无数个选择，每一个选择都通向不同的道路。我们在路口能看到很多的路标，而路标式思维则是帮助我们确定自己的选择和目的地。

目标都没有确定的话，又如何发力呢？现实中的人们好像总是不知道自己想要什么，也觉得自己不曾拥有什么，容易为自己失去的而感到懊悔和自责。我们的路标，也就是选择的目标，通往那里的路线图决定了我们的行为，而这些行为会决定我们的生活最终能达到的高度。

在千千万万个路标中，选好属于自己的路标尤为重要。历史上越王勾践被吴国军队打败，承受着奇耻大辱，去给吴王夫差当奴仆。三年后，勾践被释放回国，立志雪洗国耻。他晚上睡在柴草堆上，用戈当枕头。他还在屋里吊着一个苦胆，每天睡觉前、起床后、吃饭时，都要去尝尝苦胆的滋味，让自己不要忘了亡国之耻。勾践不断发奋图强，终于使得越国兵马精良，粮食充足。

公元前473年，越王勾践率军一举打败了吴国，夫差自杀身亡，勾践终成春秋末期的霸主。勾践选择了自己的目的地，并朝着这个目的地不断奋进，终获成功。

东汉时的王充是当时有名的大思想家，但他少年时家境贫困。当其他孩子都兴致勃勃地去捉鸟、爬树玩耍时，王充却努力写字、读书，不断提高自己的品德修养。后来有机会去了京师，得以拜班彪为师。王充虽喜欢看书，但因家境贫寒，无钱买书，便到卖书的地方，去读人家所卖的那些书。他虽然穷得没有一亩地可以用来支撑生活，但是心态很好。几年过后，他做了官也不欣喜若狂，丢了官也不觉得怅然若失，从不改变自己的志向。经过三十多年的不懈努力，他终于写出了名垂千古的著作《论衡》。王充从小立志，为自己的目标不断努力，终成一代思想家。

所以，我们要想改变现在的生活，先改变自己的选择；想要改变自己的选择，就先改变自己的信念，而这个信念就是我们思考个人规划的思维，它指导着我们的人生之路。

路标式思维就像我们人生之路的线路图、指南针，如果它的方向是错的，那我们将走一辈子弯路。路标式思维就是把我们的人生当作一场旅行，并且把它绘制在一张人生地图里，确定了对的方向，就只管勇往直前。

博弈论思维

选择一种能够让你的竞争对手的最大优势最小化的策略。

博弈的本意为下棋，引申意则为在一定条件下，遵守一定的规则，一个或几个拥有绝对理性思维的人或团队，从各自允许选择的行为或策略进行选择并加以实施，并从中各自取得相应结果或收益的过程。哈佛大学经济学教授格雷格·曼昆曾这样解释博弈论："博弈论研究的是人们在战略情景下的行为方式。这里的'战略'是指，对弈双方在平等的对局中各自利用对方的策略变换自己的对抗策略，从而达到取胜的目的。战略思维不仅在跳棋、象棋和棋牌上至关重要，在许多商业决策中也是至关重要的。"用一句话简单地概括博弈论，就是选择一种能够让你的竞争对手的最大优势最小化的策略。

博弈论在世界历史上也是个经久不衰的话题。博弈论中最广为人知的例子——"囚徒困境"，非常耐人寻味。

"囚徒困境"说的是两个囚犯的故事。两个囚徒一起做坏事，结果被警察发现抓了起来，分别关在两个独立的不能互通信息的牢房里进行审讯。在这种情形下，两个囚犯都可以做出自己的选择：要么供出他的同伙（即与警察合作，从而背叛他的同伙），要么保持沉默（也就是与他的同伙合作，而不是与警察合作）。这两个囚犯都知道，如果他们俩都能保持沉默的话，就都会被释放，因为只要他们拒不承认，警方无法给他们定罪。但警方也明白这一点，所以他们就给了这两个囚犯一个信号：如果他们中的一个人告发他的同伙，那么他就可以被无罪释放，同时还可以得到一笔奖金。而他的同伙就会被按照最重的罪来判决，并且为了加重惩罚，还要对他施以罚款，作为对告发者的奖赏。当然，如果这两个囚犯互相背叛的话，两个人都会被按照最重的罪来判决，谁也不会得到奖赏。那么，这两个囚犯到底该怎么办呢？是选择互相合作还是互相背叛？

从表面上看，他们应该互相合作，保持沉默，因为这样他们俩都能得到最好的结果——自由。但他们不得不考虑对方可能采取什么选择。第一个囚犯不是个傻子，他马上意识到，他根本无法相信他的同伙不会向警方提供对他不利的证据，然后带着一笔丰厚的奖赏出狱离开，让他独自坐牢。这种想法的诱惑力实在太大了。但他也意识到，他的同伙也不是傻子，也会这样来设想他。所以第一个囚犯的结论是，唯一理性的选择就是背叛同伙，把一切都告诉警方，因为如果他的同伙笨得只会保持沉默，那么他就会是那个带奖出狱的幸运者了。而如果他的同伙也根据这个逻辑向警方交代了，那么，反正也得服刑，起码他不必在这之上还要被罚款。所以结果就是，这两个囚犯按照不顾一切的逻辑得到了最糟糕的报应——坐牢。博弈论有点像是心理战术，一方进一点，另一方就退一点，任何微小的思想上的偏差都会造成结果的大相径庭。

博弈论在现实生活中被广泛应用，尤其是企业间的合作。企业与企业打交道的过程中，有时会不可避免地遇到类似的两难境地，这个时候需要相互之间有足够的了解与信任，没有信任做基础，千万不要贸然合作。在对对方有了足够的信任之后，诚意也是必不可少的要素。

可以这样来说，我们的一生就是一盘冲突与合作并存的棋局。懂了博弈的艺术，能让你从其中的一个棋子，升级为一名操纵棋子的棋手。博弈论在商业、政治、体育以及日常社会交往中都有其实用性。人生是一个永不停息的决策过程。从事什么职业，选择怎样的伴侣，如何培养下一代，甚至如何保持身材，都是这类决策的例子。学会博弈的艺术，在人生博弈中扩大你的胜面。

马蝇效应思维

有正确的刺激，才会有正确的反应。

"马蝇效应"与美国总统林肯有密切的关系。以前，林肯与他的兄弟在老家的农场种植玉米时，他发现自家那匹喜欢偷懒的马跑得非常快，由此他产生了深深的疑惑，百思不得其解。通过观察，林肯发现那匹马会跑得飞快，是马蝇干扰所造成的。因为被马蝇叮咬，马就用狂奔的方式来将马蝇甩开，从而变得精力旺盛起来。马蝇效应非常容易理解：再懒惰的马，只要身上有马蝇叮咬，它也会精神抖擞，飞快奔跑。

马蝇效应思维也就是说，在合理的情况下，有一个合适的机制，任何人都可以做到奋勇向前，没有例外。对应到企业管理中，就是在说激励因素，若企业管理者能找到合适的激励因素，就能让员工卖力工作。

金拱门公司就是一个很好的例子。人们工作都是为了生存，为了更大的晋升空间和更高的薪酬。为了让员工看到光明的未来，金拱门就给了许多青年员工极大的晋升机会。公司规定在新员工进入金拱门8~14个月后可晋升为一级助理，在这期间，一些表现优秀的员工又会被提升为经理。为了让大家都积极地为新员工提供机会，金拱门还规定无论管理人员多优秀，只要没有接班人，就不会考虑让他晋升，所以公司里的每一个管理者，都会努力培养青年员工。这样的激励机制就很好地让所有员工都努力工作。就像马蝇一样，马儿因为合适的刺激，飞快奔跑了起来。

在20世纪早期的美国汽车城底特律，工人与工厂仍沿袭一种传统的半松散式的雇佣关系：有活时，工人来工厂上班，没活时就回家。工厂无须在停工时给工人发工资，工人自然也没有义务对雇主作出长期稳定工作的承诺，因此员工流动率很高，纪律性也较差。这对老福特推行流水装配线的生产方式极为不利，所造成的经济损失达到了很高的程度。

经过慎重考虑，福特决定将工人的日工资翻倍，即著名的"5美元日工资"的薪酬标准。当年美国人人均年收入在385美元上下，行业内工人日平均工资约为2.5美元，一辆汽车的价格才几百美元。消息传出后，第二天清晨，近一万名申请者冲到了福特厂的大门外，大家一边猛力捶打着福特厂的铁门，一边发疯般地号叫着工资的价钱。同时，福特的新举措在全美国引起了轩然大波，各大知名媒体纷纷发表了不同见解。当然，反应最强烈的是美国工业界的大亨们，他们嘲笑、鄙视福特的做法，有些人的言论中也透露出些许担忧。但不久之后，那些诅咒福特汽车公司会因为5美元、8小时工作日而破产的批评家们，就不得不为福特付出较小代价而换来巨大利润的事实所叹服。由于这一决定的实施，福特公司获得了巨大赢利，而劳动力流动率大大降低，员工无故缺勤率也奇迹般降低。福特利用工资的激励机制，和其他公司相比，在竞争中赢得了领先地位。这是一种生存的智慧，也是让事业保持快速发展的有效方法。

　　人的欲求千差万别，有的人比较理想，可能更看重精神上的东西，比如荣誉、尊重；有的人可能更看重物质上的东西，比如金钱。针对不同的人，要对症下药、投其所好，采取不同的激励方式。

反脆弱思维

反脆弱是指从世界的不确定性中受益，拥抱随机性，拥抱变化。

自由学者、纽约大学特聘教授、"黑天鹅之父"纳西姆·尼古拉斯·塔勒布曾提出了反脆弱理论，从另外一个视角让我们找到了应对黑天鹅事件的方法。黑天鹅事件是指非常难以预测且不寻常的事件，通常会引起市场连锁负面反应甚至颠覆，譬如泰坦尼克号的沉没。塔勒布是当前最令人敬畏的风险管理理论学者，他把世界分为"脆弱类—强韧类—反脆弱类"三元结构。他也是一个传奇人物，最终提出了影响世界的理论。

反脆弱指的是有些事物能从冲击中受益，当暴露在波动性、随机性、混乱和压力、风险和不确定性下的时候，它们反而能茁壮成长和更加强大。反脆弱是脆弱性的对立面。反脆弱不同于我们通常所说的"复原力""强韧性"。复原力能让事物抵抗冲击，保持原状。反脆弱则是在冲击面前让事物变得更好，变得比原来更坚韧。具有反脆弱性的事物在遭遇混乱、风险和不确定时，不仅不会受到伤害，反而能茁壮成长，甚至收获好处。它超越了"不脆弱"这样的中性表述，站到了脆弱的对立面。

关于反脆弱的来源，有这样一个故事。小亚细亚本都国王米特拉达梯四世在逃亡期间，因为持续用药而摄入了尚不足以致命的有毒物质，随着剂量的逐渐加大，竟然练就了百毒不侵之身。这种对毒药免疫的方法被称为"米特拉达梯式解毒法"，得到了大家的追捧，在古代罗马时期甚为流行。放到东方来说，则与我们熟悉的孙悟空练就了火眼金睛有异曲同工之妙，孙悟空被放到炼丹炉里烧，本是想让他化为灰烬，没想到却让他成就了更加精进的本领。正如尼采所说的，"杀不死我的只会让我更坚强"。

我们自身也是有反脆弱机制的，不管是公司还是个人，都要训练反脆弱思维，这样公司和个人才会有可持续性的发展。那我们如何提高自己的反脆弱能力呢？首先我们可以接受外界带来的压力，拥抱变化。其次我们可以理性试错，通过纠错来使自己前进。有时创业者的失败也让整个行业实现了更好的生态发展。

协作思维

未来取决于协作。协作是一种行为，一种思想，也是一种组织文化。

协作思维即我们常说的要学会与他人合作，而不是一个人单打独斗。有经济学家说："实力还不够，就自己做车箱，挂人家的火车头。"真正的合作是一队或一群拥有不同能力和经验背景的人，为了追求同样简单明确的目标，创造一个安全的氛围，并站在各自的立场，就如何达到最终目标畅所欲言，即使这些观点言论与他人的观点并不一致。我们之所以合作，是因为除了合作以外的选择是敌对和争斗，而敌对和争斗最后只能得到破坏性结果。

协作也是一种强有力的领导方式。协作是高度多元化，团队与公司内部、与外部企业共同工作。团队可能并不总能比个体做出更好的决策，但是当团队充分结合了成员的不同观点、技能和知识后，往往会做出更好的决策。细究成功案例，我们往往能发现那些社会洞察力敏锐的群体更具集体智慧，大概是因为他们能更有效地进行协作。

一段关系一次合作，都是你生存在世界上的一种方式。我们必须学会建立彼此间的信任感，我们尊重各种不同的意见，我们会提出最关键的问题，然后倾听，利用集体智慧寻求新的思路与方法。我们也要开放心胸，接受那些意想不到的结果，并且要去改变我们的思维定式，最好的合作只会出现在拥有高度尊重和信任感的团队中。

有一个简单的故事，足以看出协作的重要性。从前，有一个幸运的人被上帝带去参观天堂和地狱。他们首先来到地狱，只见一群人围着一个大锅肉汤，但这些人看来都营养不良、绝望又饥饿。仔细一看，每个人都拿着一只可以够到锅子的汤匙，但汤匙的柄比他们的手臂长，所以没法把东西送进嘴里。他们看来非常苦恼。紧接着，上帝带他进入另一个地方。这个地方和先前的地方完全一样：一锅汤、一群人、一样的长柄汤匙。但每个人都很快乐，吃得也很愉快。上帝告诉他，这就是天堂。这位参观者很迷惑：为什么情况相同的两个地方，结果却大不相同？最后，经过仔细观察，他终于看到也找到了答案：原来，在地狱里的每个人都想着自己舀肉汤；而在天堂里的每一个人都在用汤匙喂对面的另一个人。结果，在地狱里的人都挨饿而且可怜，而在天堂的人却吃得很好，也很幸福。

合作是一种行为，一种思想，也是一种组织文化。我们需要从小型的合作做起，共同学习，建立信任。当我们的关系是建立在尊重信任、勤奋、智慧和共同利益上，我们的合作必定是长久且成功的。协作也是更高级、更有效率的社会连接方式。在信息时代，协作的双方各取所需，"拓宽了交换的范畴和形态"，比如大数据，企业开发、开放平台供用户使用，用户获得便利，企业获得用户数据，这一过程中，价值不是单向流动的，而是同时存在、互不损害的。

单位价值最大化思维

最大限度地发挥每一个人的长处，将它们有机结合起来。

单位价值最大化思维，就是把和一件事情有关的要素全部调动起来，进行周全、严密、谨慎地思考和部署之后，使预测到的结果从无形变成有形的思维过程。单位价值最大化思维，运用到企业中，则是要最大限度地发挥每一个人的长处，将它们有机结合起来，并且还要有实实在在的步骤和推行计划，尽量让人力、物力、财力在项目实施过程中不受损失，或是将损失降到最低，以此来获得最大化的价值。

对于企业来说，价值思维的根本目的是不断创造更大的经济、社会、人文价值，单位价值最大化思维就是要实现企业、社会、员工等各个利益相关者价值的最大化。树立价值思维，就是要实现企业经济效益最大化。企业是追求经济效益最大化的经济组织，企业经营的目标就是"将本逐利"，以尽可能少的投入创造尽可能大的产出，取得经济效益，实现资本增值。

司马迁在《史记·货殖列传》中有一句名言："天下熙熙，皆为利来；天下攘攘，皆为利往。"这句话也似乎成了现今市场经济最直接、最生动也最原始的描述和阐释，而西方所遵循的法则是"物竞天择、适者生存"。对于企业而言，都需要实现价值最大化，将好钢用在刀刃上，促进资源的融合和有效使用。发展必须是实实在在的，是有效益的。必须将效益放在第一位，促进有效发展，同时要实现社会价值最大化，整合社会资源和人力资源。

对于个人来说，实现价值最大化也至关重要，我们在发展专业知识、培养专业技能的同时，也可以充分利用碎片时间，实现碎片化时间价值最大化。也许你早就听说过"两只狼的故事"。两只狼来到草原，一只狼非常失落，因为它看不见肉，这是视力；另一只狼很兴奋，因为它知道有草就会有羊，这是视野。视力看到的只是眼前的东西，属于浅层思维；而视野可以超出眼前的范围，超越现状，看到人生的目标。实现个人价值的最大化，我们不要浪费自己的天资，要走正道，同时要懂得坚持的力量，有了坚持不懈的品质，就胜过了很多人。接下来提升自己的思维和格局，一切皆不为"我"所有，但一切皆可为"我"所用。

在第一个维度上，把自己打造成专家，与他人交谈的时候，就会产生信息差，就能释放价值，引导他人。这是成功的基本前提。第二个维度，除了行业知识，多学一点其他的实用知识，就能更好地和他人进行交流。第三个维度则是上面提到的打开自己的格局。当自己的思维和格局也提升之后，就能真正的做到最大化地实现自己价值的提升。这三个维度是依次上升的。

复利思维

延迟满足感。你今天所走的每一步路，都能在将来给你反馈。

爱因斯坦曾说："复利是世界的第八大奇迹。""复"是重复的意思，所谓复利思维，其本质就是你做了事情甲，就会导致结果乙；而结果乙呢，又会反过来加强甲，如此不断进行良性循环。人性其实是渴望即时反馈的，就好像有的人手上一有钱，想的不是将它拿来投资，而是马上消费掉。但是对于金钱，通过复利思维，我们要懂得时间的重要性，要知道一切都是可积累的，让自己学会延迟满足。正如一张纸的对折，每一次都是把之前的结果翻番；也如滚雪球，雪球粘上的雪越来越多，就会变得越来越大，而越来越大的雪球又能够粘上越来越多的雪，如此不断重复，雪球会大到不可想象。

复利是以叠加的方式，由量到质的突破。在这个过程中，我们每天只需要比昨天多付出一点点，改变一点点，长期坚持下来，就可以收获到翻倍的效益。

有这样一则我们都熟悉的故事，用来阐释复利效应再合适不过。印度一个国王打算重赏象棋的发明人，说可以满足他的一切要求。那个发明人说："陛下，请您在棋盘的第一个小格内，赏给我一粒麦子，在第二个小格内给两粒，第三格内给四粒，第四格给八粒，以此类推……"国王一听，觉得区区几粒麦子，不值一提，于是满口答应。结果通过实际计算得出，到第六十四格，即使拿来全印度的粮食，国王也兑现不了他的诺言。最后的计算结果是，他要的是全世界在两千年内所生产的全部小麦。这是印度的一个古老传说，结果如何，没有记载。这就是复利所产生的巨大价值和效应。

复利思维作为人生的重要策略，要求我们具有的品质就是耐心和坚持。只要方向是对的，不要焦虑和不安，多给自己一些时间。目标感越强，复利思维对你人生的影响会越大。始终要记得，复利的人生，更看重有生活质量的人生，因为只有这样的人生，才能走得长远。

在每个人的学习阶段，从小学到中学，再从中学到高中，再到大学，每一个阶段都做好当下的事情，通过这种阶段性的提高和坚持，才能享受到复利带来的效应。十年树木、百年树人，教育领域才是复利思维最适用的。查理·芒格说："要争取每天睡觉前，都比醒来时聪明一点点。"这句话太重要了，这是个人成长中的复利效应。

复利效应也验证了一句话：你今天所走的每一步路，都能在将来给你反馈。在运用复利思维时，我们需要拉开时间线，以生意人的思维去看待长期变化。董卿说："你读书上花的任何时间，都会在未来某一时刻给你回报。"复利效应所能给你的，都是你前期坚持努力的结果。

跨界思维

> 大世界，大眼光，从多个角度看待问题和提出解决方案。

跨界，释义为交叉、跨越。所谓跨界思维，就是大世界，大眼光，从多个角度看待问题和提出解决方案的一种思维方式。它代表着一种生活态度，更代表着一种新锐的思维特质。跨界就一定要先拆除思想的藩篱，打破思维的界限。跨界的主要目的是为了"借智"。

有人曾说，跨界最难跨越的不是技能之界，而是观念之界，观念才是一座座大山，翻过了则风景无限。查理·芒格一直推崇跨界思维，盛赞其为"普世智慧"。他将跨界思维誉为"锤子"，而将创新研究比作"钉子"，认为"对于一个拿着锤子的人来说，所有的问题看起来像一个钉子"，形象地诠释了"大"与"小"的辩证。思维模式转变了，思维跨越才没有界限，创新也就永无止境。

跨界思维，是一种新型的策划理念与思维模式。通过嫁接其他行业的价值和理念，对企业进行创新改造，制定全新的企业和品牌发展战略战术，让原本毫无关系甚至相互矛盾的行业相互渗透、相互融合，在融合的过程中碰撞出新的火花，创造商业奇迹。

跨界思维主要有三个特点：第一，跨界思维更具有综合性，综合了多种学科和多个行业。第二，跨界思维属于外向型思维，不是墨守成规，故步自封，做个井底之蛙，而是更愿意到外面的世界开辟出一片新的天地。第三，跨界思维是"多只眼睛"的全新思维模式，即看到了更多信息和市场，同时也是一种多向性思维的策划。在商场中有很多企业都将这种思维模式做到了极致。

　　商场唯一不变的法则就是变化，企业要想立于不败之地，就要拥有一种突破惯例且行之有效的"以变应变"之道。按照传统思路，云南白药做牙膏，就是"用鸡蛋砸石头"的不自量力的行为。但是云南白药因为拥有正确的跨界思维，所以成功地实现了产业跨界，仅用了短短7年的时间，就实现了从3000万元到30多亿元的跨界崛起奇迹，让整个商界都为之震撼。娃哈哈杏仁青稞粥，跳出了传统的"八宝粥"范围，开启了一种"清新平衡"的全新诉求，开创出了新一代健康方便食品；而大家熟悉的旺旺公司，除了我们平常最了解的旺旺大礼包，还拥有自己的"旺旺医院"，令人耳目一新。在今天的市场中，许多问题都不是用一两只眼就能找出方向的，要想成功跨界，企业主就要拥有"多只眼睛"。

　　跨界思维，是抓住本质的思维，是殊途同归的新思维。有机会我们要多跨界，多学习一些其他东西，从点到线，从线连成面，逐渐扩大自己的知识范围，一步一个脚印。其实一切新机会几乎都来源于跨界创新。如果没有跨界思维会有两个后果：一、机会到来的时候懵懵懂懂，错过最佳红利期。二、没有创新能力，也就意味着只能做别人都能做的工作，不具备不可替代性，必然会逐渐平庸，因为财富的本质是创新。时代越发展，跨界思维就越重要，因为同一行业竞争会越来越激烈，创新空间会越来越小。后来者和年轻人必须通过跨界创新来找到自己的机会，而跨界思维就是我们必须具备的武器！

升维思维

升维思维会让我们获得一种 "元视角"，全方位俯瞰事物本身。

何为升维思维呢？就是我们从低层次的思维模式，逐层往上探究高层次的思维模式，这样一种上升的过程往往能够挖掘出问题的关键所在。而同时结合时间维度进行思考，则会让我们更清楚事情未来的演化方向，明晰自己的选择。举个最简单的例子：一只在爬行的蚂蚁，人类的无意一脚等一切潜在的危险，它都无法知悉。只有危险走到跟前，它才能无奈地接受命运的审判。而你能够在一切发生之前就隔岸观火，了如指掌，原因是蚂蚁只能在二维平面爬行，而你却可以从第三个维度上俯瞰全局。因为你比它上升了一个维度，拥有了上帝视角。

升维思维会让我们获得一种"元视角"，也就是能从点、线、面、体、空间、时间、具体到抽象"全方位俯瞰"到事物本身的一种立体视角。这种视角下的思考，会让我们看待一个问题或者事物变得更加全面、完整、有广度和深度，不为一些表象问题所困。

比如在日常工作和学习中，如果你要学习品牌理论，那你就去研究符号学和语言学，还有心理学；如果你要学习应用科学，那你就去研究基础科学；如果你要学习营销理论，那你就去研究认知心理学和消费者行为学。因为后面的比前面更高一个维度。当我们处于一个更高的维度，也就拥有了"降维攻击"的能力，它让我们从眼下的困局中跳脱出来，以一种全新的方式来看待世界，原来的问题也就迎刃而解。就像我们在玩游戏时，如果打不过敌人，打不过怪兽，你会非常郁闷，那该怎么办呢？这时候你就需要去升级自己的装备，添加各种技能属性，提升你的战斗力，对装备比你差、战斗力比你低的对手进行降维攻击，从而获胜。

Netflix的创始人因为租借DVD时，拖延了还碟的时间，导致付的租金是DVD碟售价的三倍，于是想到了借用健身房包月制的模式来租碟的创意，从而开创了Netflix的新商业模式。Netflix连续五次被评为顾客最满意的网站。这就是一种典型升维的思维案例。有升维思维的人往往能看到不同领域背后的逻辑和原理，从而提升自己的技能。

如果你发现自己总是周而复始地遇到同样的问题，那就需要提升自己的思维层次，用"升维思考"来进行"降维攻击"，从而完成人生的破局。从做好眼前事到规划自己未来的方向，都是一次升维。如果你在工作中遇到难题，不妨从更长远的职业生涯规划来思考，给自己一个明确的发展方向。

其实，提升了思维的层次，你就对现状有一个全新的认知，拥有了更高的视野，看清了事实的真相，改变和提高也就成了水到渠成、顺势而为的事情。人生就是一场长途跋涉，有时候我们会遇到一片浓雾，不知所向。这时候，如果我们试着爬上一处高地，对照着手里的那张信念地图，往往就能辨别方向，然后鼓起勇气，耐心地走下去。

战略思维

战略是一种长远的规划，也是远大的目标。

"战略"一词最早是军事方面的概念，"战"是指战争，"略"指"谋略"。春秋时期孙子的著作《孙子兵法》被认为是中国最早对战略进行全局筹划的著作。战略，是一种从全局考虑谋划实现全局目标的规划，战术只是实现战略的手段之一。也就是说，当我们做某件比较复杂事情的时候，需要一定的战略才能成功，在这个狭义的具体战略的指导下，事情局部的具体方法就是战术。战略是一种长远的规划，也是远大的目标。战略思维，简要来说，就是让人能把握问题，并适切、有效地解决问题的思维模式。

我们每天都在解决不同的问题，小到穿衣打扮，大到人生计划。有些女生对自己的形象不满意，永远觉得自己衣柜里少一件衣服，就是因为不懂战略思维，一直拿着所谓时尚、流行的样子来打扮自己，而不是真正地认识自我、系统地解决自己的形象问题。

学习战略思维也非常容易，女生可以从如何打扮自己、如何逛街购物入手，男生也是，要把自己收拾得整洁清爽。

步入社会，进入工作阶段，小到日常的电话、文件沟通，大到项目决策，都需要用到战略思维。

有人说，工作累不是因为任务多，而是与不同的人打交道。在职场中，绝大多数的问题都是源于沟通质量低下，这也是因为绝大多数的人在沟通前，基本上很少有过战略思维，想当然地进行沟通，自然会造成很多问题。如果我们在沟通前能认真想一想整个沟通的流程和重点，经过一番"战略思维"，想一下，本次沟通的目的是什么，沟通的对象有什么特点，用什么方式沟通能让对方明白，从而达成沟通目的，或者沟通方式还有哪里可以完善、提升的地方，对方会有哪些问题，该如何应对回答……相信沟通的质量、效果会大大提升，大家也不会觉得沟通带走了自己的生命能量，觉得心累。

人生，其实就是一个不断解决问题的旅程，我们所追求的"成功"，换个角度看，就是不断解决越来越大、越来越难的问题。如果一个人不能从解决问题中发现乐趣、享受乐趣，这个人的人生是不可能快乐的。

万物联系思维

世界万物都是与你有联系的，只要你的思想里有它们，你们就产生了联系。

哲学中说，万事万物都有联系，事物的联系是普遍存在的、多种多样的。首先，事物之间的联系是事物本身所固有的，具有客观性。其次，联系具有普遍性：第一，任何事物的内部，不同的部分和要素是相互联系的；第二，任何事物都不可能孤立存在，都同其他事物处于一定的相互联系之中；第三，整个世界是相互联系的统一的整体。最后，联系具有多样性，世界上的事物是多样的，因而事物的联系也是多样的。

万物之间会有各种各样的联系，有些联系是看得见的，有些联系是无形、看不见的。有些联系是自然的联系，有些也是人为造成的联系。有信息洞察能力的人，一般会建立很多人看不到的联系。一个事物发展到高阶形态，本身就会开始具备万物联系的能力。

我们最熟悉的万物联系的例子，当属蝴蝶效应。一只南美洲亚马孙河流域热带雨林中的蝴蝶，偶尔扇动几下翅膀，可能在两周后引起美国得克萨斯的一场龙卷风。所以蝴蝶效应一般用来形容一个微小的误差随着不断推移造成了巨大的后果。2003年，美国发现一宗疑似疯牛病案例，刚刚复苏的美国经济霎时间如同遭遇了一场破坏性很强的飓风。扇动"蝴蝶翅膀"的，是那头倒霉的"疯牛"，受到冲击的首先是总产值高达1750亿美元的美国牛肉产业和140万个工作岗位。而作为养牛业主要饲料来源的美国玉米和大豆业也受到波及，价格呈现下降趋势。但最终推波助澜，将"疯牛病飓风"损失发挥到最大的还是美国消费者对牛肉产品出现的信心下降。在当时，这种恐慌情绪不仅造成了美国国内餐饮企业的萧条，甚至扩散到了全球，至少11个国家宣布紧急禁止美国牛肉进口。就算在没有发现疯牛病的地区或国家，人们也会谈"牛"色变。

世间的人、事、物，自古以来就有千般纠葛，万种联系。尤其是现如今的大数据、高科技时代，人们的生活都被紧密联系在一起，人类命运共同体中，一荣俱荣，一损俱损。

即时反馈思维

即时反馈的最终目标是引导我们到达预期里的那个最终目标。

即时反馈，用通俗的话来说，就是当你做了某件事之后，马上就有反馈，不管是心理上的，言语上的，还是实实在在摸得到的成果。这些反馈可以是一个代表成功的信号，也可以是一个提醒错误的信息；可以是意料之外的，也可以是意料之中的。但无论是哪一种，即时反馈的最终目标是引导我们到达预期里的那个最终目标。

人性中存在着许多弱点，虽然我们可以通过后天有意识的训练来克服某些劣根性，但最终有意无意，或多或少，人性都会对我们所做出的每一项决定、每一步行动产生重大影响。人类的本性最终引导我们做出各种各样的决定。而即时反馈，能让我们尽量避免人性弱点带来的不良结果。

譬如，我们总是在放弃学习或锻炼计划时责备自己意志力薄弱，抽不出时间；当孩子考不出好成绩时，责备他不够努力、不够认真。这样的现象屡见不鲜，可以说几乎成了大多数人的常态，却很少有人愿意去反思一下其中的原因。管理学中有个"嗑瓜子"理论，当你开始嗑瓜子的时候，便会持续下去，一般会直到吃完为止，其间不需要他人监督和提醒。由于嗑瓜子这种行为比较简单，仅仅需要几秒钟就能得到瓜子仁，而且过后看着满满的瓜子壳甚至会有一种成就感，时间便在不知不觉中过去了。当下互联网就经常利用这点在悄无声息地偷走我们的时间，比如小视频、微博、小游戏等，操作简单，即时反馈，一旦身陷其中便无法自拔。

虽然说"失败乃成功之母"，但是错误是有成本的，越早意识到错误，修复错误的成本才会越低。为了尽早地认识错误和认识人性中的弱点，我们就需要有意识地去构建一批针对当前问题的、马上就能看到效果的测试，循环往复，直至到达目标。

那么怎样来培养即时反馈思维呢？首先不要害怕失败。联想一下你在游戏里是如何通关的，一开始你并不知道前方道路上有哪些陷阱和怪兽，我们无法先制定出一系列步骤来躲避陷阱或消灭怪物，而是一点一点慢慢地去试探脚下每一寸土地，然后通过获取到的反馈来修正下一步的计划，最终走到下一关卡。这种解决问题的方式并不是游戏独有，而是解决问题的通用方法。因此错误也可以是一种有效的即时反馈，转变心态，勇敢地犯错，然后从中获取反馈，进而修正自己的行为和思想，成功不会再遥不可及。接着再缩短某件事的反馈周期，将大目标切割成一个个小的目标，以此带给自己持续性的正向刺激，从而提高行动的力量。最后，对一件事设置进度条，一方面统筹全局，另一方面即时反馈。

绿灯思维

接受不同，拥抱多元。

在路上，绿灯一般意味着通行，红灯一般意味着停止。绿灯思维是指在生活中与他人交流时，保持一种开放的心态，而不是先入为主地认为别人是错误的。享誉全球的管理大师，著名的作家、演说家和商业咨询顾问肯·布兰佳博士，被誉为当今商界最具有洞察力和思想的人之一，正是他提出了绿灯思维。所谓的绿灯思维，便是对自己接触到的新信息不要带有任何偏见，只要有人提出想法或建议，你就要开始思考：为什么这个想法或建议是可行的。一旦学会用绿灯思维去倾听，你就会把你所听到的内容跟自己接触过的其他知识联系起来，一旦拥有了积极、开放的心态，就会引发我们的创造力和应变力，最大限度地激发我们的灵感。

与绿灯思维相对应的就是红灯思维，它不能接纳不同，只相信自己的判断。当有人和自己的观点不一致时，就认为别人一定是错的，就是有问题的。使用红灯思维的话，不管是学习还是做事，花费同样的时间，学到的知识或经验都是有限的，因为在红灯思维下，我们听不进别人的建议和经验，只能从有限的一方天地里学习。

对待他人，对待扑面而来的各种信息，我们都有习惯性防卫的特点。当别人表达了与我们完全相反的观点时，我们的第一反应不是思考对方观点的合理性，而是立马进行反驳。同理，当我们读到一个观点、阅读一部小说或参加一场辩论时，通常都会先入为主或者用固有的观念去判断自己所接收到的信息，也就是会消极过滤。

如果我们一直处于这种消极过滤的状态而不自知，那么学习再多的新观点和新知识都是无用的。因为红灯思维会让我们只能学到或利用自己接触到的一小部分信息，只能发挥自己的一小部分潜力。而怎样才能解除这种消极过滤的状态呢？切切只活在自己的世界里，培养绿灯思维，才能最大限度地接收新的知识，获得成长。

《论语》中说："三人行，必有我师焉。择其善者而从之，其不善者而改之。"这也是对绿灯思维的阐释，学习优良的，同时也回到自身，自我反省并改进。

那么如何培养我们的绿灯思维呢？首先，我们可以多考虑新观点的优点和可用性。尤其是刚毕业的时候，工作上需要前辈指点，我们就要积极询问，积极接纳对方传达给我们的技巧。其次，把"我"和"我的观点"进行区分，类似于我们平常所说的"对事不对人"。最后，可以坚持写反思日记，对一天中接收到的信息和自己的观点进行融合吸纳。迭代自己的认知，小步快跑，每天进步一点点。慢慢有意识地去使用绿灯思维，当遇到不同的声音时，一定要先想一想，这个观点对自己可能会有什么帮助。

长板思维

高手都在持续做那一件或几件会让自己变得更好的事。他们一旦找到高价值区，就专注耕耘，咬定青山不放松。

管理中的木桶原理认为，一个桶装水的容量，不取决于木桶的长板，而取决于木桶的短板。木桶原理曾在一段时期很流行。管理奇才卢俊卿根据木桶原理延伸出了长板思维。长板思维是指对组织而言，凭借其鲜明的特色，发挥长板优势，就能跳出大集团的游戏规则，建立自己的王国。

市场定位中，营销者不能遵守"木桶原理"，不应该太关注木桶的短板，而是要集中注意长板，找出最长的长板，甚至把长板加长，让长板的作用发挥到极致。至于短板，可以等企业有了足够的实力以后再慢慢修补。这就是市场竞争中的"长板理论"，也叫"反木桶原理"。管理人员应该重点修补"短板"，以此来消除"短板"带来的限制瓶颈。

在工业化时代，木桶原理的确非常有效和适用。但在全球互联网的信息时代，木桶原理显得不太实用。在如今的社会形势下，每行每业的分工越来越细，越来越精准，对于个人来说，没有必要面面俱到。对一家公司而言，同样如此，无论是财务、人力资源、法律服务，还是公关，公司都可以选择外包给专业人士去处理。于个人来说，比起短板，真正能让你脱颖而出的，是你的长板。与其非得要花时间、精力去学一些自己不擅长的事，不如把自己的优势发挥到最大。

巴菲特在一个纪录片中说："我知道自己的优势和圈子，我就待在这个圈子里，完全不管圈子以外的事情。"也有人说："高手都在持续做那一件或几件会让自己变得更好的事。他们一旦找到高价值区，就专注耕耘，咬定青山不放松。"在现代职场中，找到自己的长板，尽自己的努力，将自己的长板放大，让这个长板成为自己的核心竞争力，培养自己的无可替代性才是最重要的。网上之前有一个职业生涯策略，叫作"一专多能零缺陷"。如何理解呢？"一专"指让自己有一项专长非常强，能够帮助自己脱颖而出；"多能"指多储备几项能力，搭配着使用；"零缺陷"指通过自身努力和对外合作，让自己的弱处化为零。

这是一种聪明的做法，将自己的优势发挥到最大，同时也考虑到其他的突发情况，如此让自己立于不败之地。

战国时代田忌赛马的故事其实也显示了"长板理论"的应用。在这个故事中，田忌的三匹马分别都不如齐王，如果按照"木桶"逻辑，田忌赛马成绩的好坏取决于他最慢的那匹马——这马比齐王的任何一匹马都要慢，田忌必输无疑。谋士孙膑提出的赛马策略大家都知道：让田忌用下等马去与齐王的上等马比，用上等马与齐王的中等马比，用中等马与齐王的下等马比，结果当然是田忌赢得比赛的胜利。从这个例子中，我们可以体会出"长板理论"的核心作用，那就是让短板不短，让长板更长，长短各有其用，以此达到最佳效果。

百事可乐在中国采取的战略也是"长板思维"的另外一种延伸。他们把所有的制作、渠道、发货、物流全部外包，只保留市场部的寥寥几个人。他们专注于做好品牌这个长板，而且一直屹立不倒。

于企业来说，一定要保持冷静的头脑，紧紧盯住最长的木板，将所有的资源都倾注在这块木板上，保证这块木板在所有木桶中最长的地位。外面的世界精彩纷呈，但千万不能被光怪陆离的表象迷了眼，任尔东西南北风，坚持和保持自己的优势。就算握在你手中的是芝麻，也不要贪图别人的西瓜，因为你擅长种芝麻，所以必定会有芝麻开花节节高的那一天。

群蜂思维

群蜂思维即发挥群体的智慧，而不是某个小团体或者是个人起主导作用。

凯文·凯利是当今世界最受关注的未来学家，也被人们亲切地称为"KK"。他的著作《失控》写于1994年，用采访体记录了凯文·凯利与当时最著名的哲学家、艺术家、技术达人等的对话和思考。站在20多年后的今天，我们再来看当时书中的内容，发现很多都实现了，并且对未来依然有预见性。他在《失控》中提到的一个概念就是"群蜂思维"。

怎样理解群蜂思维呢？《失控》里把群蜂思维看得非常透彻明了，作者认为单个的蜜蜂什么都不是，数以百万的蜜蜂才成为一个系统。但是它们如何合作，又由谁统治呢？这种整体的智慧是如何产生的呢？科学家做了许多研究，发现鸟、蝗虫以及群居动物，它们移动的一致性，仅有几条规则：第一，跟随前面的同伴；第二，和周围同伴的步伐保持一致；第三，与后面的同伴保持距离。也就是说，这些群体行为总的同步性以及总体秩序的出现，其实很简单——相邻个体基于简单规则相互作用，就能形成整体上的复杂性。

群蜂思维的神奇在于，没有一只蜜蜂控制它，但是有一只看不见的手，一只从大量愚钝的成员中涌现出来的手，控制着整个群体。它的神奇还在于，量变引起质变。要想从单只蜜蜂的机体过渡到集群机体，只要增加蜜蜂的数量，使大量蜜蜂聚集在一起，使它们能够相互交流。等到某一阶段，当复杂度达到某一程度时，"集群"就会从蜜蜂中涌现出来。蜜蜂的固有属性就蕴含了集群，蕴含了这种神奇。

群蜂思维即发挥群体的智慧，而不是某个小团体或者是个人起主导作用，就像蜜蜂移巢一样，蜂后是跟在蜂群后面的，而不是在最前面领路，但是它们能始终保持离地六尺，成阵列飞行。蜜蜂分群的时候，统治者不是蜂后，蜂后只能跟着，是蜂后的女儿们决定蜂群应该何时何地安顿下来。五六名无名工蜂负责侦察可能安置蜂巢的树洞和墙洞，它们回来后用约定的舞蹈向蜂群报告，侦察员的舞蹈越夸张，说明它主张使用的地点越好。

由群蜂思维，我们不禁联想到团队管理，各部门间分工明确，但又紧密联系，密切配合，散而不乱，才能最终发挥团体的力量。纵观世界上的大企业，之所以能够经久不衰，都离不开群蜂思维。

减少自我设障思维

多内控，少外控。

比利时诗人斯帕克曾有一句至理名言："提防别人不如提防自己，最可怕的敌人就藏在我们自己的心中。"有时候拦路虎并不是存在于外部世界，而在我们自己的心中。

从心理学角度来解释，个体为了回避或降低因不佳表现所带来的负面影响，通常会采取任何能够增大将失败原因外化机会的行动和选择。简单来说，就是人们普遍希望在失败面前找到借口。

20世纪70年代，心理学家波格拉斯和琼斯就证明了这个现象的存在。他们将大学生随机分成两组，让他们完成智力测验。其中一组的问题难度根据被测试大学生的回答情况做调整，使其能答对大多数问题，另一组则大部分都是无法解决的难题。随后，两组被试大学生都被告知，他们得到了"到目前为止最高的分数之一"。这种操作会使前一组被试大学生的成功看起来是由自身决定的，后一组的成功则看起来是运气造成的。接下来，研究人员告诉被试大学生，他们将接受第二组测验，这一次计分将更严格（潜在意思是不太可能再凭运气取得成功）。而在此之前，他们可以从两种药物中选择一种服用，其中一种可以提高智力测验的表现，另一种则会降低表现。结果显示，"偶然成功"组相比于"真实成功"组，更倾向选择服用降低表现的药物。换句话说，他们认为此前的成功来自偶然因素，自己在接下来很有可能遭遇失败，于是便选择主动为自己接下来的表现制造障碍。这个测验说明了只要涉及评价性的任务，无论是考试、比赛还是商业竞争，我们很容易自我设障。

实际上，自我设障是一种"自我保护"的行为，可以保护我们的自尊，使我们减轻为失败承担责任的痛苦。如果没有自我设障，你认真努力地准备某件事情却还是失败，就得为后果承担责任，并承认自己能力不够。一般人都不会太喜欢这种感受。

但是我们要清醒地认识这样一个事实，自我设障并没有实质性的好处。喜欢自我设障的人，最爱说"不可能"。非常奇妙的是，你告诉自己"不可能完成"，往往你便真的无法完成。当发现自己喜欢自我设障时，可以尝试更加积极主动地直面问题，正确归因，并转变心态，接纳自我，培养健康的自尊感，学会自我肯定，将失败视为获得反馈信息、改进未来表现的契机。你可以常常对自己说："我可以追求完美，但不必苛求十全十美。"这样，就可以避免或减少自我设障。所以，从现在开始，删除"不可能"，不再自我设障。

四象限法则思维

第一象限：立即去做；第二象限：有计划地去做；第三象限：交给别人去做；第四象限：尽量别去做。

回想一下数学中的象限，横轴和竖轴将平面分为四个象限，有不同的参数，每一个区域都代表不同的信息。四象限法则是由著名的管理专家史蒂芬·柯维提出的一个时间管理理论。该理论最重要的内容就是把事情按照重要和紧急程度划分为四个象限：重要而且紧急、重要但不紧急、不重要但紧急、不重要而且不紧急。按照处理顺序划分：先做既紧急又重要的，接着重要但不紧急的，再到紧急但不重要的，最后才做既不紧急也不重要的。

四象限法则是一个时间管理的法则，也是自我教练的重要工具。四象限法则思维提倡人们应该把主要的精力和时间集中放在处理那些重要但不紧急的工作上，这样可以做到未雨绸缪，防患于未然。

如何将四象限法则充分运用到我们的工作中，让时间真正地用到实处，不浪费时间呢？

首先，我们可以列出并改造自己的工作清单。先分"轻重"，即给所有任务以专业和职业的角度为标准标出"重要"或者"不重要",再分"缓急",即给所有任务以最终的截止日期为标准标出"紧急"或者"不紧急";最后按照自己的意愿给所有的任务标出"高""中""低"三种优先级别。其次,将这些工作任务装入你标好的四象限中。再次,建立处理这些事务的原则,在第一象限上写好由于工作主要压力来源需要立即去做的事情;在第二象限上写好有计划去做的事情,应该将时间投资于此象限;第三象限上写好交给别人去做,此象限的事情要么放权交给别人去做,要么委婉拒绝或减少产生;在第四象限上写好尽量别做,这是用来缓冲调整的象限。将事情进行有条理的分类,一目了然,做到心中熟悉,不仅能在这个过程中理清自己的思维,分清轻重缓急,厘清自己的价值排序,使单位时间价值最大化。

其实在实际工作中,我们"做计划"的部分,应该是第二象限"重要但不紧急"的工作,这个部分才是我们工作的重心,也是需要我们提前规划好的事务。往往可能因为我们没有按计划去处理这一部分的工作,导致这些工作变成了第一象限即"重要又紧急"的工作,一旦出现这种情况,那说明两个问题:一是第二象限的工作计划不合理,要么是超出我们的工作能力,要么是执行不到位;二是我们在第三、第四象限花费了太多时间。无论是哪种情况,我们要做的就是及时补救,完成第一象限的工作后,让工作计划回归正轨,只有不断执行"重要但不紧急"的工作,才是正确的四象限工作法。让我们牢记"做什么就会成为什么,做重要而不紧急的事,你就会成为重要的人"。

反事实思维

注意反事实思维对我们情绪的影响，要向前看。

反事实思维是个体对不真实的条件或可能性进行替换的一种思维过程。反事实思维是美国著名心理学家、诺贝尔经济学奖获得者丹尼尔·卡纳曼和他的同事特韦尔斯基在1982年发表的一篇名为《模拟式启发》的论文时首次提出的。它是基于人类是非理性假设的前提，对过去已经发生过的事件，进行判断和决策后的一种心理模拟。

反事实思维可以分为上行反事实思维和下行反事实思维。上行反事实思维，也被称为"上行假设"。它是指人对过去已经发生了的事件，想象如果满足某种条件，就有可能出现比真实结果更好的结果。譬如在学生时代经常出现的想法，"如果我当时再努力些，考个好成绩就好了"。下行反事实思维，也被称为"下行假设"。它是指可替代的结果比真实的结果更糟糕。譬如，"幸亏没有买那支股票，不然就亏惨了"。

之所以要说反事实思维，是因为反事实思维可以对我们的情绪、心情产生重大影响，从而影响我们的下一步行动。如果总是用上行反事实思维来思考，就会经常不快乐，总也不满意。如果经常用下行反事实思维来思考，就会经常挺高兴，"知足常乐"。

有研究证实，获得铜牌的选手往往比获得银牌的选手更开心。这是因为，铜牌得主运用的是下行假设，即如果发挥得稍微差一点，就与奖牌失之交臂了；银牌得主运用的则是上行假设，即如果发挥得更好一点，就能登上最高领奖台了。

碰到负面事件，人们容易产生类似于银牌选手的上行假设，常常设想事情本来可以做得更好一些。而碰到正面事件，人们则容易产生类似于铜牌选手的下行假设，常常设想事情要是做得稍微差一点就糟了。

我们应该注意反事实思维对我们情绪的影响，尤其是上行反事实思维带来的消极情绪，别让自己陷在反事实思维里，要向前看。尤其是当我们遇到想象虚拟情况的前提与虚拟结论的时候，要先提醒自己辨别自己是否是在进行反事实思维。如果是，那思考方向是上行式还是下行式。接下来处理自己的情绪。如果是上行式反事实思维，就先处理由此想法而产生的负面情绪，去转变思维，试着用下行式反事实思维去思考一下。用下行式反事实思维，处理好自己的情绪，让自己的情绪得到好转。最后，可以回过头来，冷静地分析一下，我们是否还能有做得更好的机会。如果有，就积极准备起来，为实现更好的可能积极行动！

逆向思维

敢于"反其道而思之"，让思维朝对立面的方向发展，从问题的反面深入进行探索。

逆向思维，也叫求异思维，它是对司空见惯的、似乎已成定论的事物或观点反过来思考的一种思维方式。敢于"反其道而思之"，让思维朝对立面的方向发展，从问题的相反面深入进行探索，树立新思想，创立新形象。

当大家都朝着一个固定的思维方向思考问题时，你却独自朝相反的方向思考，这样的思维方式就叫逆向思维。人们习惯于沿着事物发展的正方向去思考问题并寻求解决办法。其实，对于某些问题，尤其是一些特殊问题，从结论往回推，倒过来思考，从求解回到已知条件，反过去想或许会使问题简单化。

司马光砸缸救落水儿童的故事，就是一个运用逆向思维的绝佳例子。有人不慎掉入了水中，常规的思维模式是把人拉出水里，而司马光当时不能通过爬进缸中救人的方法解决问题，因此他就采取了另外一种方式，果断冷静地用石头把水缸砸破，放掉缸里的水，救了小伙伴的生命。

古人的智慧是无穷的，还有许多案例，在今天读来，仍然闪烁着思想之光，让我们深受启发。

孙膑是战国时著名的兵法家，去到魏国想谋得官职，但魏惠王心胸狭窄，嫉妒他的才能，故意刁难他。于是魏惠王说："听说你很有才能，如果你能使我从座位上走下来，那我就任命你为将军。"魏惠王在心中打定了主意，就是不起来，看你能怎么办。孙膑此时心想：魏惠王赖在座位上，我不能把他拉下来，不然就是死罪，怎么办呢？看来只能让他自己主动走下来。接着，孙膑对魏惠王说："我确实没有办法使大王从宝座上走下来，但我有办法让您坐到宝座上。"魏惠王心想：还不是一回事，那我就是不坐下，你也不能奈我何。想着，他便乐呵呵地从座位上走了下来。孙膑马上说："我现在没有办法使您坐回去，但是我已经使您从座位上走下来了。"此时，魏惠王方知自己上当，只好任命孙膑为将军。

再举一个例子。众所周知，日本资源贫乏，因此很崇尚废物利用和节俭。当复印机大量用到纸张时，他们将白纸的两面都用起来，一张顶两张，节约了一半的用量。但日本理光公司的研究员并不因此而满足，他们通过逆向思维，发明了一种"反复印机"，已经复印过的纸张通过它以后，上面的图文就可以消失，那这张白纸就可以重复使用多次，不仅将节俭做到极致，也让创新走得更远。

人们习惯于沿着事物发展的正方向去思考问题并寻求解决办法。其实，对于某些问题，采用逆向思维，倒过来思考，也许会使问题简单化，使解决问题变得轻而易举，甚至因此有所重大发现，创造出新的奇迹，这就是逆向思维和它的魅力所在。

倒U形思维

激情过度，就会把理智烧光。热情中的冷静让人清醒，冷静中的热情使人执着。

我们对图形都很熟悉，倒U形思维由英国心理学家罗伯特·耶基斯和多德林提出，指的是当一个人处于轻度兴奋时，能把工作做到最好。当一个人一点儿兴奋都没有时，也就没有做好工作的动力了。相应地，当一个人处于极度兴奋时，随之而来的压力可能会使他完不成本该完成的工作。世界网坛名将贝克尔之所以被称为"常胜将军"，其秘诀之一即是在比赛中自始至终避免让自己过度兴奋，而是保持半兴奋状态。所以有人也将倒U形假说称为"贝克尔境界"。

有一个和尚打油的故事，大家可能都听说过：老和尚让小和尚去打油，对小和尚一再强调不要把油洒出来，否则会罚他做一个月苦工。小和尚打油回来的路上，一直念叨着老和尚的嘱咐，结果一紧张，油还是洒了出来。我们平时也有这种习惯，譬如做什么事的时候，一个人去做，可能会做得比较好，旁边没有人，就没太大压力，而旁人一多，可能原先熟练的事也做不好，这就是旁人对你形成了压力。这种现象和心理素质相关，不要太在意，保持自己的谨慎，才能更好地发挥。

还有一个和心理暗示相关的故事：在一个原始部落里，大家都相信他们的巫师，只要是他预言的，事情和人就会朝着他说的方向发展。后来一个心理学家研究证实，正是人们过于相信巫师，所以他的话就成了心理暗示。因此，保持自我，不要受其他人干扰，才能发挥自己原有的水平，压力也会得到合理地利用。这个故事和和尚打油的故事有着异曲同工之妙。

有一位经验丰富的老船长，他的货轮卸货后，在浩瀚的大海上返航时，突然遭遇了可怕的风暴。水手们惊慌失措，老船长果断地命令水手们立刻打开货舱，往里面灌水。"船长是不是疯了？往船舱里灌水只会增加船的压力，使船下沉，这不是自寻死路吗？"一个年轻的水手嘟囔着，其他人在心里也都附和着。但是看着船长严厉的脸色，水手们还是照做了。随着货舱里的水位越升越高，船慢慢地下沉，依旧猛烈的狂风巨浪对船的威胁一点一点地减少了，货轮渐渐平稳。船长望着松了一口气的水手们说："上万吨的巨轮很少有被打翻的，被打翻的常常是根基轻的小船。船在负重的时候，是最安全的；空船是最危险的。"其实，我们每个人也正如一只只在生活的海洋中航行的船，若没有压力，我们就很容易被生活的波浪打翻。

欲使潜能出，当有三分狂。管理者通过压力和鼓励，可以调动被激励者的主观能动性，使他们兴奋起来，发挥个人才能的最大效能，从而更迅速、更圆满地实现目标。有人认为，只有巅峰的情绪才是工作的最佳状态，才能让人保持积极向上的心态，因此必须让员工一直保持巅峰的情绪。实际上这种想法大错特错，施压必须讲究分寸，也就是说，要适度。当人感受到压力后，如果外表仍然很平静，内心却充满激情，这就是完成任务的最佳状态；而当人处于极度兴奋的状态时，肾上腺激素大量分泌，随之而来的身心压力，反而会使他无法完成在正常状态下能够完成的任务。所以激情过度，就会把理智烧光。热情中的冷静会让人清醒，冷静中的热情会使人执着。

目标高远思维

目标要高远，但是开始的时候要踏实，从最平凡处起步。

曾子曰："士不可以不弘毅，任重而道远。仁以为己任，不亦重乎？死而后已，不亦远乎？"意思是君子必须要有宽广、坚韧的品质，因为任重道远。南怀瑾先生说："目标要高远，但是开始的时候却要踏实，从最平凡处起步。能如此，你这个人生一定会有成就。不然，仅有高远的理想，不晓得从最平凡、最踏实的第一步开始，便会永远停留在幻想中、梦想中，不会有任何成就。"

目标是什么？目标是方向，是指引人快步前行的指路明灯，它能激发出人最大的斗志，是支撑人快乐奋斗的坚强意志。所有成功人士都有目标。如果一个人不知道他想去哪里，不知道他想成为什么样的人、想做什么样的事，他就不会成功。有这样一句话，"世上没有懒惰的人，只有缺乏目标的人"。每一个人都要制定自己人生的目标，而且这个目标一定要高远，高远到让你感觉已经突破了自己的极限，那这才算是一个合格的人生目标。

中国还有句古语是这样说的："望乎其中，得乎其下；望乎其上，得乎其中。"就是说，做一件事，如果你期望达到中等水平，可能只拿个下等；但是如果把目标定位在上等水平，就有可能取得中等水平。所以，如果你能把目标定得高远一些，即使全力以赴到最后仍然实现不了，但你最终所实现的目标或者所到达的高度，却很可能是其他人望尘莫及的。

在我们制定目标时，若总是想着"哎呀，我不行，我不能！我只有这么点儿能耐，又怎么可能实现高远的目标呢？我看，我还是把目标定得低点儿吧"，那恐怕这辈子就都只能碌碌无为了。

一个人目标高远，也要面对现实的生活。只有把理想和现实有机结合起来，才有可能成为一个成功的人。但是树立一个远大目标的意义，并不在于它能否实现，主要在于它能否调动人心中的渴望，激发人的斗志和坚定的信念。不管结果多么渺茫，目标一定要有足够的难度，而且能吸引你为之不懈努力，全力以赴，这样你就更有希望获得成功。

主动思考思维

采用主动思维，积极进取，人生海海，才能劈浪前行。

元代文学家陶宗仪创作的一部有关元朝史事的笔记《辍耕录》中，有一句话描述了人的工作状态："稍久，曰算盘珠，言拨之则动。既久，曰佛顶珠，言终日凝然，虽拨亦不动。"意思是说有的人工作时间稍久，就开始变懒，就像算盘珠，你拨一拨，他才动一动。年岁越久，就如同佛像头顶的宝珠，凝然不动，你去拨它，它也没反应。就是俗语所说的"做一天和尚撞一天钟"，到最后干脆懒得钟都不想撞了。

联想到如今职场里，那些被动的人，总会等着别人安排和催促，告诉他们每一步要干什么、怎么干、什么时候干。但是，知识的获取、能力的进阶，不是靠被动等待，而是靠主动锻炼。没有谁有义务对你勤加督促，细加指点。如果你一直闭门造车，等待机会来找你，就会停滞不前；你只有积极探求，才会有所发展。

今日头条的创始人张一鸣曾经讲述过自己的故事。他的专业是软件，工作后，他每晚都会编程、看书，经常通宵达旦。因为他想把专业知识全都巩固和探究一遍。在公司里，他做完自己的事，就会主动去看同事在做什么，然后主动帮忙，帮他们做完。时间一久，代码库里的大部分内容，他都熟悉于心，编程时得心应手，特别老练。所以，他成长的速度飞快。从负责一个模块到负责整个系统，到带领团队，再到指挥部门，本科毕业第二年，他就成了高级技术经理。

越主动的人，探求得越多，能力发展越快，知识不断拓展。工作中，他们不仅能在微观层面做好任务，又能从宏观角度整合自己领域内的各个方面，构建完善的专业体系。他们既有扎实的专业知识，又能顾全大局，这样的人，注定成功。而不主动的人，裹足不前，一直停滞在那里，能力就很难施展，久而久之，能力还有可能下降。

如果你什么事都需要别人的配合，就会处处受限。而如果你一个人像一支队伍，能搞定各种问题，就能独当一面。职场中，你不能守株待兔，坐等安排，而要主动出击，博览全书。这样，才能避免技能钝化，方能扩大格局。

创立两个500强企业的"经营之圣"稻盛和夫曾提出一个公式：人生结果=思维方式×热情×能力。若你选择好的思维方式，乘积结果就会变大，获取成功。若你有负面思维，那思维的分值就是负分，最后乘积就是负数。积极不仅仅是行动，更重要的是思维和心态。采用主动思维，积极进取，人生海海，才能劈浪前行。

九屏幕分析思维

事物未来的发展并不是基于单一维度，可能有很多因素在共同作用。

　　九屏幕分析思维，乍一看，会觉得十分复杂，但实际上运用九屏幕分析思维会让事情更简单，可以拓展自己的思路，清晰自己的思维。九屏幕分析思维包含系统轴（子系统、系统、超系统）、时间轴（过去、现在、未来）、空间轴（阴性环境、中性环境、阳性环境）。任何一个具体问题都是系统的当前状态，往后看是系统的过去，往前看是系统的未来；往下看是子系统的当前，子系统当前的前后，分别是子系统的未来和子系统的过去；往上看则是超系统的当前，超系统当前的前后分别是超系统的未来和超系统的过去。九屏幕也可以被做成九宫格的形式。

　　这个思维给我们的启发是一个事物未来的发展并不是基于单一纬度，可能是很多因素在共同作用。如一个人的发展，是个体的内在因素与外部环境共同作用的结果。又比如一个事物本身可能极其复杂，把事物想简单，只看到表面，就会误判。经典的纸上谈兵的故事就是只看表面的例子。赵国孝成王只看到赵括夸夸其谈的表面，看不到他纸上谈兵、胸中实无一策的本质，最终导致战败，断送了四十余万将士的性命和赵国的前途。

将目光投射到现代，经过互联网浪潮的洗礼，消费领域的互联网热潮已经转向工业生产领域，人工智能在消费领域的应用已然成为主角。人类经过体力、脑力、电脑力，到了计算力的阶段。超系统的过去，实际上是系统的当前雏形，是把计算力直接应用在业务上让大众受益的时代。从最早的网上性格、画像测算，到今天的人工机器用算法设计Logo、图案等，这既是超系统的过去，也是系统在当前的延续。很多企业集中全力战胜对手，以提升它们自己在战略集团或细分市场中的地位。

新式荷兰酒店集团Citizen M酒店抓住了顾客对位置、超舒服睡眠的关注，并对三星级酒店竞争元素进行了改造，缩小房间面积，剔除影响甚微的大厅前台，增加床和浴室的功能性等。2008年，Citizen M第一家酒店在阿姆斯特丹史基浦机场附近开张，以其针对常旅者的轻奢酒店概念，获得了市场的青睐。Citizen M酒店还取消了餐厅和客房服务，塑造了全新的公共空间，专门提供健康、新鲜的小吃。这种竞争思维让企业跳出细分市场，从跨战略集团的超系统视角去看问题，极大增强了企业的竞争力。

事物未来的发展并不是基于单一纬度，可能有很多因素在共同作用。做一件事时，我们要进行多方位考虑，看到表面也要看到本质，看到过去也要看到未来，不要孤立地看问题，而要将其放在时代的大背景下进行思考，如此，才能做出较为明智的决策。

故事思维

谁会讲故事，谁就拥有世界。

柏拉图曾经说过："谁会讲故事，谁就拥有世界。"讲故事，是一种能力，一种力量，一种手段。我们听着故事长大，现在仍然喜欢听故事。故事讲得好，可以让人更具魅力和影响力。而有些人，充分发挥了自己会讲故事的本领，在自己的领域发光发热。

世界级故事大师安妮特·西蒙斯在《故事思维》里讲述过叙述故事的技巧。她在书中告诉我们，第一个需要解决的问题是"我是谁"。那些你想要影响的对象一开始都有两个问题，第一个问题就是"你是谁"，只有很好地回答了第一个问题，他们才会愿意听你接下来要传播的观念。在影响他人之前，需要赢得足够的信任，有了好的突破口，就为说服他人推动了一大步。不同的场合需要不同的故事，针对你所沟通的人群来确定你的故事。如果你是咨询师，你需要与对象建立联系，关注顾客所关心的问题，而不是其他。如果你是刚上任的领导，你可以讲述自己亲身经历的故事，进行自我剖析，袒露自身的不足，让听众信任你。

继续回答好第二个问题"你为什么在这里",让人们的信任延续下去。人们天生就有警惕性,会怀疑他人的动机,即使你的出发点美好善良,他们也会猜测你的意图。适当地坦露你的意图,只要不是过分自私,人们都会接受。如果你在为某教育项目募捐,你讲述的故事有力地证明了这个项目的公益性和透明性,让人们明白你的真诚,大家也就愿意伸出援手。用故事讲述你的来意,人们也会释放自己的同理心。

第三个问题则是你的"愿景"。当你讲述了你是谁,带了何种目的而来,接下来就需要讲述你可以给听众带来什么好处。这个问题释放的信息就是,大家都在同一条战线上,可以共同实现目标。

说好一个故事,可以让人们亲眼看到你的所作所为,赢得人们的信任。通过故事,可以直抵听众的内心,触动他们最柔软的地方,影响他们的选择。在沟通之前,提前准备好故事,轻松应对各种场合,在沟通的时候,学会聆听,找准对方痛点,再去塑造有画面感的故事,走进对方的内心。

战国时期,赵国要去攻打燕国,燕国派谋士苏代去劝说赵王。苏代就给赵王讲了这样一个故事:一只大蚌在河滩上晒太阳,它刚刚张开贝壳,水鸟鹬就伸出长嘴去啄蚌肉,蚌连忙收紧贝壳,将鹬的长嘴夹住了。鹬鸟生气地说:"今天不下雨,明天不下雨,我看你怎么活下去?"蚌也毫不让步地说:"今天不放你,明天不放你,我瞧你也活不成!"正当鹬和蚌闹得不可开交的时候,被一位渔翁发现,他毫不费力就把它们捉住了。苏代告诉赵王,赵国攻打燕国就如同鹬蚌相争,两国都得不到好处,而强大的秦国就会像渔翁一样得到便宜。如果当时苏代直接给赵惠文王讲道理，作为赵国的君王，赵惠文王可能会置之不理，不会听苏代的劝阻，攻打燕国，最后导致两国被灭。可见一个好故事不仅胜过千军万马，还避免了一场不必要的战争。故事内含情感，这种情感所能激发的力量，远大于所有事实相加所能激发的力量。故事勾勒了一个场景，蕴含着一种智慧，这种智慧远胜于理性的逻辑。

故事可以创造力量，它是思想的烙印，可以对观念产生影响，触到心灵深处的柔软。假如你是某个公司高层，你需要通过故事，激发员工的工作热情，让员工明白工作的意义和目标。可以让员工与老板的梦想产生共鸣。只有对未来的生活心生向往，才会有努力向前走的动力。

闭环思维

> 时刻要让任务涉及的双方知道各自手中任务的完成状况，这不仅是对彼此的督促，对于任务本身来讲，一次沟通就是一个节点。

闭环思维是由美国质量管理专家休哈特博士提出的概念，"闭环"的理论根据是"PDCA循环"，被广泛应用于现代企业管理中。当别人发起一件事时，在一定时间内，不管我们完成的效果如何，都要认真地反馈给发起人，这就叫闭环思维。

"PDCA循环"将管理分为四个阶段：计划（Plan）、执行（Do）、检查（Check）、行动（Act）。这四个过程不是运行一次就结束，而是周而复始地进行。在一个循环中，PDCA中的"C"有四层含义：Check（检查）、Communicate（沟通）、Clean（清理）、Control（控制）。就是说时刻要让任务涉及的双方知道各自手中任务的完成状况，这不仅是对彼此的督促，对于任务本身来讲，一次沟通就是一个节点，要时刻知道任务的进度，互通有无。在沟通的过程中，解决一些问题，未解决的问题进入下一个循环，如此阶梯式上升，直到任务完结。

在一个项目或任务中，我们不是一个人在完成任务，回归闭环，不仅能说明一个人有完成任务的能力，更体现了合作意识。

有始有终的闭环，更是生活的一份智慧。很多人都生存在恶性闭环中，比如由拖延导致的熬夜。因为拖延症，所以无法完成任务，但任务必须要完成，所以不得不熬夜，导致第二天精神不济，无法高效完成任务，所以就继续熬夜。只有先养足精神，让自己精力充沛，第二天才有可能弥补没有做完的工作，从而终止拖延，这样才算是良性循环。

作者瑞·达利欧说："好习惯让你实现'较高层次的自我'的愿望，而坏习惯是由'较低层次的自我'控制的，阻碍前者的实现。"形成闭环思维，让习惯的力量带你前行。闭环思维不是一次性的行为，而是一个不断输入和输出的过程。闭环思维还是一个不断反复的过程。反复和循环不一样，循环是量的叠加上升，而反复是指通过每一个小闭环的完成来获得经验，从而为下一次类似的任务完成积累经验。养成闭环思维，会让你的能力在无意识中螺旋式上升。持续一段时间，你会发现，在不知不觉中，你已经成长了太多太多。

接受和拥抱变化思维

没有什么事情是一成不变的，唯一不变的只有变化。

"唯一不变的只有变化。"有些人害怕变化带来的风险，怕工作更烦琐，怕公司业绩下滑、奖金缩减……总而言之，就是怕突如其来的变化使自己的利益受损。但是害怕或逃避并不能改变现实，不主动应变，就会被时代淘汰。

各行各业都在不断变化。比如早期买衣服，大家都在实体店购买，后来淘宝兴起，电商平台涌现，有了网店，很多老板们一直固守传统思维，不重视网店的经营，结果被时代和市场淘汰。就算是网店的经营模式，也是一直在变化着的。早期不做活动都有流量和销售份额，后来需要资本和推广才有流量，现在又流行直播，跟不上趋势，迟早会出局。

媒体也是，十年前纸媒还盛行，后来有了新媒体，很多纸媒经营不下去而倒闭，那些接受改变、转型快的媒体人做起了自媒体，成为大咖，收入倍增，而那些死守纸媒，不接受变化的，不少被迫裁员，不得不转行。不得不说，当今世界发展速度太快，我们坚守核心能力的同时，需要不断学习，接受和拥抱市场变化。

又如，如今家长越来越注重对孩子的教育，在教育的投资上也是越来越多、越全面。胎教、亲子共读、英语启蒙以及早教机构等也越来越受到家长们的认可，绘本、点读笔点读书、分级读物等在家长小时候都不曾出现过的东西，而现在似乎是孩子的标准配置了，因为我们的思维认知在改变，也越来越接受新事物并愿意去尝试。

我们要学会包容，以开放的心态接受新鲜事物，寻求各种可能性，拥抱多样性。我们所处的这个世界正持续地发生无法预测的改变，带来了各式各样的机会。

年轻人如果想在未来有所成就，就要试着正面迎接变化、抓住机会，并真正有意愿地、适当地改变自己，跟上时代步伐。无论是在学习阶段还是工作阶段，这都非常重要。只要以积极开放的心态拥抱变化，与时俱进地向领导、同事和书本还有外部世界学习，遇到困难不绕路，就能不断进步，迈向成功。

迭代思维

不追求完美，允许有所不足，尽早将产品推到用户面前，接收反馈，不断试错，不断完善。

"迭代"的意思是更新代替、轮换。那迭代思维呢？迭代思维是近几年比较流行的一种互联网思维，主要是针对互联网的特性，对于新开发的产品进行快速上线、测试、发现缺点、修改后继续上线测试，反复如此循环，最终打磨出一个比较好的产品。

不追求完美，允许有所不足，尽早将产品推到用户面前，接收反馈，不断试错，持续完善产品的思维就是迭代思维。

互联网的特点，我们可以概括为一个"快"字。有些互联网公司从成立到上市，只有几个月时间，有些产品从上线到爆发也就几个月时间，但有些企业从辉煌到倒闭也只需要几个月。这在过去的传统行业来看，简直就是不敢想象的事情。互联网的更新迭代已经远远超出了人们之前的认知。互联网的时代，不是大鱼吃小鱼的时代，也不是快鱼吃慢鱼的时代，而是小鱼可能一个转身就变成大鲸鱼并掀起巨浪的时代，一切皆有可能。

我们第一次做一件事时，可能做得一般，第二次做同样的一件事，能做得稍微好一点了，第无数次做同样一件事，就成了大师，这是迭代思维的体现。但是我们很多人往往去将注意力集中在迭代外在的东西，而不去迭代我们内在的思维，就像我们的电脑，分为软件和硬件，换来换去都是硬件，但还是跟不上时代，因为内在的软件没有更新迭代。所以也要学会更新我们的思维。

迭代思维的核心要点就在于快速试错，以此来达到小步快跑。每一次迭代对产品来说都是一次跃升，跟一个人的成长一样。迭代思维的核心理念是犯错并不可怕，可怕的是因缺乏试错的勇气，而不知自己错在何处，想要改正却无从下手。试错的原因在于找核心痛点、验证产品并发现错误的部分，避免隔靴搔痒和战略偏差。

迅速开发产品，是互联网的典型方法论，是一种以人为焦点，迭代、循序渐进的开发方法，允许有所不足，不停试错，在连续迭代中完善产品。迭代思维的本质——循环聚焦，就是将多个节点围绕需求目标做螺旋式布局，将投入成本和风险逐级分解到最小。我们来还原下迭代思维的步骤：第一步，我真实想要什么？第二步，做什么才能拥有我想要的？第三步，支撑我上述行动的资源是什么？第四步，谁先拥有可用的资源？第五步，拥有可用资源者的需求是什么？第六步，拥有可用资源者要什么资源，才能实现其需求？第七步，返回第四步，直到投入和风险最小化。如此循环螺旋上升，达到我们最终的目的，优化产品。

迭代思维要求我们从小处着眼，进行微创新。"微"，是要从细微的用户需求入手，贴近用户心理，在用户反馈中逐步改良。"可能你以为是一个不起眼的点，但是在用户看来很重要"。360安全卫士当年只是一个安全防护产品，慢慢发展，后来也成了新兴的互联网巨头之一，他们靠的就是这种思维。

同时，迭代思维也要求我们做到"快"，精准创业，快速迭代。"天下武功，唯快不破。"只有快速地对消费者需求做出反应，产品才更容易贴近消费者，抓住消费者，增加黏性。做得好的游戏公司每周都对游戏进行数次更新，小米MIUI系统坚持每周迭代，就连某些饭店的菜单也是每月更新。这里的迭代思维，对传统企业而言，更偏重在迭代的意识，意味着我们必须及时甚至实时关注消费者需求，掌握消费者需求的变化。

　　掌握迭代思维，勇于试错，不断完善，再结合正确的方向，加上强大的执行力，才能发挥出迭代思维的最大价值。这也是我们在这个社会上的核心竞争力之一。

矛盾论思维

对立的东西可以互相转化。

矛盾无时不在，无处不在。事物的矛盾法则，即对立统一的法则。学习矛盾论思维，实际上是学会一种看待世界、洞察世界的能力和方法。

为了更好地理解矛盾论，我们可以把事物的内部矛盾比作水，水的源头和终点为矛盾的两个方面，而从源头到终点的水流形成的通道，我们称为外因。没有水就不会有水流，所以内部矛盾是事物发展的根源所在；没有通道的水会成为一潭死水，也形成不了河流，不能汇入大海。外因是让事物产生变化的条件，外因是什么样的，它的表现形式就是什么样的，比如水管、溪流、河流、大海、湖泊等。如果我们想要解决矛盾，一般可以从两个方面着手，一是源头，从产生水的地方入手；第二是它的通道，也可以说是载体。看似矛盾对立的事物，可以在更高的维度上实现统一，而且相互依存。

矛盾一词的源头是一个相传甚久的、令人啼笑皆非的故事。从前，楚国有一个人，他在街上卖矛和盾，他夸自己的矛说：

"我的矛很锐利，没有什么盾牌它刺不破。"大家半信半疑，没有人理他。他见没有反应，就把矛收起来，拿出一块盾牌来，又说大话："我的盾很坚固，没有什么武器能刺破它。"这时候，有人质问他："如果用你无坚不摧的矛，来刺你坚不可摧的盾，结果会怎样？"那个人听了这番话，觉得自己吹牛吹得太大了，只好满脸尴尬地走开了。无坚不摧的矛与坚不可摧的盾，不可能同时存在。

有了幸福才能有痛苦，因为有了幸福的对比才显出痛苦如何能令人难过；有了美才能有丑，不管是外表还是内心，丑与美都能形成鲜明的对比，甚至可能在一个人身上同时存在；有了恶才能有善，最纯粹的恶映射出最纯粹的善；有了错才能有对；有了死才能有生……这些对立的东西是可以相互转换的，同时也必然是一直在运动变化的。比如坏的变成好的，好的变成坏的；美的变成丑的，丑的变成美的。道德的变成不道德的，不道德的变成道德的。如此多样且矛盾性的存在，才构成了如此五彩缤纷的世界。

学习矛盾论思维，要正确看待自己身上的不足与优点。任何事情都有两面性，不能以自己的优势和别人的劣势比，这样会让自己自大。如果在发现别人的优势时，虚心学习，改变自己的劣势，能帮助自己获得成功。

借力思维

借别人的力，出自己的招。

借鸡生蛋，借花献佛，"好风凭借力，送我上青云"……在中国文化中，关于借力重要性的成语和俗语可以说是数不胜数。中国的太极拳和日本的合气道，都善于借别人的力，出自己的招。

借力思维也被广泛运用到各个领域。不管是创业还是做生意，只靠自己单打独斗，肯定是行不通的，也需要具备借力思维，借力来发展自己的生意，事半功倍地获得利益。所以借力思维也是"无须拥有就是极度拥有"，从辩证法出发，充分阐述了借力思维的核心。

阿基米德说过："给我一个支点，我能撬动地球。"小小的一个点，就是阿基米德撬动地球的关键。借力思维就是将别人的结果化成自己的结果，将别人已经达成的结果拿过来自己用，借助中间一个东西去撬动别人的东西，使用了再化成属于自己的结果。就像俗语所言："穷人靠卖力，富人靠借力，借力使力不费力。"

在自然界中有一个"共生效应"，那就是单棵植物往往生长不旺盛，但植物都在一起生长时，却生机勃勃，十分盎然。因为它们能向对方借力，互相扶持枝叶，彼此挽结根系，因此能相互促进，共同成长。

工作中，我们也需要使用借力思维。举一个商业中运用借力思维的例子，这一次"借"的是客户，借客户的力去打造品牌的知名度。英特尔——全球最大的电脑芯片制作商是怎么崛起的？是借客户的力，它对自己的客户电脑厂商说："只要你的外包装说明书和广告上加上一句，内有英特尔，就给你5%的广告补助。"结果买电脑的人一看到电脑广告上写着内有英特尔，就自然认为英特尔的芯片是非常好的。于是英特尔品牌迅速崛起，在电脑硬件行业占有很大的市场份额。

我们如何运用借力思维呢？第一，在这个世界上，不管你想要的是什么，都至少有一个人已经得到，找到这个人，让他通过某种方式帮助你，互相照拂，借力前行，你的成功将更加容易；第二，找到一群志同道合的兄弟姐妹，共同前进。最后，在这个世界上，不管你要的是什么，你成功之后，都至少有一个人从中受益，告诉他们，你成功之后，他会如何获益，那么你的成功将更加容易。

这是一个互利共赢的时代，我们不但要单打独斗，还要学会组队作战。互相借力，才能彼此成就；互补增值，才能收益可观。把握方向，方向对了，生活就对了，聪明的你，迟早能迎来自己的春天。

竞争进化思维

物竞天择，适者生存。

自从达尔文第一次系统提出物种起源和进化的理论之后，一直困扰人类智者千余年的问题迎刃而解，这三个问题就是："我们从何处来？我们是谁？我们向何处去？"达尔文的理论很好地解答了这三个问题。

很多人对进化论只能说是一知半解，然而进化论的思维已经渗透到了人类的各个学科当中。物竞天择，适者生存，这条规则不仅适应于自然界，同样适用于人类社会。

竞争，其实也是一种强大的机遇，可以促进自身的进化。以"滴滴"为例。这几年滴滴大大小小的战役打了上百场，从刚起步的"大黄蜂"到融资7亿美元的"快滴"，再到400亿美元的全球巨兽"优步"，可以说，每打一场大战，滴滴的认知和团队精神属性，甚至是格局、世界观都在发生质变。这时的竞争对手，更像是帮助自己蜕变的导师，硬逼着你一点点变强。

再说到互联网。在苹果的IOS系统风靡全球时，谷歌硬是敢于出手，与其竞争，推出了安卓系统。虽然前期的安卓系统简陋，速度慢，但也在一步步进化。凭借开放的生态理念，安卓系统越来越快，越来越火，很多程序员不学IOS系统的开发，转而学安卓的开发。

我们可以看到，竞争并不是狭隘的竞争，而是在竞争中学习，获得最先进的认知，整合最好的资源，抢夺最多的注意力，以此不断完善自身，突破自我，加速进化，快速迭代，以此成为真正的王者。

凯文·凯利在《失控》中把技术创新和生物演化做了很好的类比，创新从来都是自下而上、自发演化的结果。市场就是一个演化系统，只有不断地竞争，不停地优化，才能在时代的洪流里稳步前行。愿意用竞争进化思维来看待事物的人，不会迷信权威，不会相信什么救世主，更愿意靠自己开辟一番天地。

拥有竞争进化思维的人，不会有那么多的人生困惑，不会质疑命运的不公平，不会抱怨做好事为什么没有好报，更容易接受现实。或许，正是因为生命的虚无才衬托出生活的可贵，但进化了几十亿年的基因激活了我们的生命，让我们有幸看到充满生机与活力的文明社会。

断舍离思维

不需要的思想包袱，定期清空。

　　"断舍离"是日本杂物管理咨询师山下英子提出的概念，意为"断绝不需要的东西，舍弃多余的废物，脱离对物品的迷恋"。近年来，断舍离的风潮也刮到了国内。"断"就是不买、不收取自己不需要的东西；"舍"就是舍弃对自己没用的东西。人通过"断"和"舍"达到"离"的状态，即脱离不需要和没用的物品的包围，让自己处于宽敞舒适的空间。断舍离，从表面来看，是一种家居整理收纳术，从深层次来看，它是一种活在当下的人生整理观。

　　断舍离，本身是一个决断和选择的过程，它不单纯是一个概念，更是一种行动和行为。通过实践断舍离，人们将清空环境，清空杂念，享受自由舒适的生活。除了扔掉看得见的东西，还要扔掉看不见的东西。从物品的断舍离上升到对耿耿于怀的过去、那些令你心酸的回忆、纠结不已的伤感等负面记忆的断舍离，从而解放心灵，找回生活的活力。

　　在这里，我们更加强调内部世界的断舍离，而不仅仅是外部世界的断舍离。断舍离在某一种程度上来说是一种极简主义，中国古代的哲学和艺术中就蕴含了无尽的极简主义思维和智慧。个人的物质欲望简化后，个人变得容易满足，古人称这种精神境界为"安贫乐道"。《论语》也曾写道："子曰：贤哉！回也。一箪食，一瓢饮，在陋巷。人不堪其忧，回也不改其乐。"在简陋的物质条件下，别人担忧不已，独有颜回却能保持快乐的心境，他对物质生活的要求极其简单，他的内心持有一份坚定和淡泊。极简主义在古人的美学思维中也体现得淋漓尽致，中国的古画和书法都讲究用极简的线条表达深邃的意境。

断舍离，教会我们放下那些我们本不需要背负的思想包袱，让生活变得轻松愉悦。如果心中装着太多不必要的心理负担或精神负担，我们就无法轻装上阵。心中的负面内容要随时清理，把空间留给积极的内容。

每当你注意到自己在负面思考的时候，要能够"断"。断的能力在于"观"，如果你可以观察到自己的负面思考，你就已经成功一半了。毛主席曾说要"放下包袱"，其实真正要放下的是包袱里那些没用的东西，对人自身而言，就是首先要放下那些陈腐、固执、复杂的思想，清晰地意识到对自己而言最重要的是什么。

在职场生活中同样需要"断舍离"。梳理一下我们的职业生涯，做一个职场清零术：清除你的负面想法和思维定式。"断舍离"，能让你的思路更加清晰，知道自己要什么，并全力以赴朝着这个方向努力。不断地去进行学习，甚至是跨领域学习。在工作中实践创新，去遇到更好的自己。只有抛弃多余的、负面的思想，才能轻装上阵，越来越靠近你的职业理想。

独立思考思维

独立思考表现在不轻信、不盲从。

互联网时代来临，我们一直处于信息大爆炸的氛围之中。不管是周围的声音、网络的声音或是由这些声音混合形成的"信息茧房"，你所能听到的声音都是别人想让你听到的声音，这些都让我们不知道何去何从。在信息大爆炸的时代，独立思考就显得尤为重要。

独立思考其实就是一种探究过程，基于你现有的经验认知，并结合信息的筛选，让你的思维往深处探索，也是一个寻找答案的过程。四个常见的思维误区：第一，以自我为中心，只认为自己是对的，其他人都是错的；第二，盲从信息，看到大多数人的观点是这样，就不自觉地跟随；第三，以为眼见为实，不去探寻背后的原因和真相；第四，简单归因。看到成功人士都有早起习惯，比如巴菲特、比尔·盖茨，就认为早起便能成功。

当我们意识到这些思维妨碍了我们的独立思考时，恰恰也是独立思考意识的觉醒。接下来要做的就是提高我们独立思考的水平。我们要有选择地多读书，多看一些经久不衰的旷世名作，好读书，读好书。其次在判断一条信息的真伪前，请务必关注其"来源"。再次要挖掘自己身边的小事，培养自己的观察力和洞察力。同时坚信"没有调查就没有发言权"，用调查去证明一件事情的准确性。最后，在思考的过程中反复通过不同的方向，不同的方式问自己，提高自己的批判性。

当年，发明青霉素的弗莱明在培植葡萄球菌的器皿边沿发现了一些其他霉菌，它们把周围的葡萄球菌全都吞噬了。那时，他没有像之前的几个科学家一样简单地将其认定为是由污染导致了霉菌的迅速繁殖，从而消灭了葡萄球菌。他对此进行了独立的深入思考，将研究方向确定为"霉菌是如何杀死葡萄球菌的"。之后他经过反复试验，最终从霉菌中成功分离出了人类良药——青霉素。

独立思考，是以大胆怀疑、不盲从为前提的。要想获得创造性的成功，就要敢于打破及超越习惯性认知，能从新角度去认识事物，提出超乎寻常的新观念，从而使自己的收获非同寻常。

成功取决于很多因素，独立思考是其中极其重要的一条。在喧嚣的时代，如果学不会独立思考，就容易随波逐流，平添许多烦恼。不论做什么事情，都要坚持自己的思考，做出自己的判断。无论是谁，如果学不会独立思考，就会停滞不前。

底线思维

就像篮球比赛，输赢靠防守，赢多赢少靠进攻。工作也是这样的，守好底线，不要翻船，才有机会成功。

拥有底线思维的人会认真计算风险，估算可能出现的最坏情况，并且接受这种情况。底线思维体现了这样一种原则：当一件事情已经坏到底的时候，只会有两种可能：第一，不可能更坏了；第二，物极必反。设定最低目标，争取最大的期望值，这就是底线思维。这样的思考过程，必然的逻辑结论就应当是"只有更好，没有更糟"，于是恐惧将不复存在，光明可能就在黑暗的尽头出现，柳暗花明又一村。

底线思维会影响我们的生活态度，能够提供我们继续前进时所需的那份坦然。因为并不是所有人都能够轻易地做出决定和承担风险。有时我们可能苦苦思索几个星期，甚至几个月，仍然无法理清思路，迈出第一步，采取行动。这种情况的出现，常常是由于我们害怕进入未知领域。

我们所生活的这个时代，即使不算混乱，但至少可以说是变幻无常，这意味着我们不得不对我们的工作、家庭、生活方式做出调整。

古人同样具有底线思维。春秋战国时期，公仪休做鲁国宰相，为官清廉，洁身自好。公仪休喜欢吃鱼，却拒而不受别人送来的鱼，他说出了一番话，发人深省，很有道理："正因为喜欢吃鱼，才不能接受别人行贿的鱼，接受了别人行贿的鱼，将来被免了职甚至坐了牢，就不能再有条件吃到鱼；而不接受，保持高洁的情操，自律自省，就可以长久地吃到鱼。"《后汉书》记载，东汉时期，羊续任南阳太守，下属送来当地特产白河鲤鱼，羊续推让不掉，只好将鱼挂在屋外的柱子上，久而久之被晒成了鱼干，从此再也没人敢给羊续送礼了。

隋文帝时，梁毗初任西宁州刺史，当地一些富商为了拉拢梁毗，便进献给他大量的金银珠宝，可每次梁毗都坚决不收。富商们还以为他是假正经、故作姿态，于是三番五次地进献。有一次，拒之无奈的梁毗干脆把金子放一旁，对着大家放声痛哭："这些金子饥不可食、寒不可衣，你们现在将它拿给我，是想杀死我啊！"一边哭着，一边再次将金子拒之门外。明朝皇帝朱元璋曾给手下算过这样一笔账，如果他们老老实实地当官，守着俸禄过日子，就好像守着"一口井"，井水虽不满，但可以天天汲取，用之不尽。朱元璋的这个账算得颇有哲理，被后人称之为"守井哲学"。

贵至黄金，小到鲜鱼，公仪休、羊续、梁毗在诱惑面前保持了难得的清醒，揭示了"荣"与"辱"、"得"与"失"的辩证哲理。

分清事实和观点思维

学会用事实而不是观点说服人。

当一个人说"我觉得今天好热啊"这就是一个观点，这个人在诉说他的经验或个人感受，而不是事实，你不能以"今天才28度，不热啊"去反驳他。因为对于说话者，这气温可能就算很热了。但如果一个人说："今年夏天比去年的温度高多了！"涉及了事实层面的问题，你就可以拿今年和去年的温度进行对比，作为证据去反驳。在与人交谈时，自己要思考，有所警惕，分清别人说的是客观存在的事实还是他的观点。

又比如我们在某些情况下，会说某个人没有资格这样说，其实指的是这个人说话没有说服力。如果我们把"你有什么资格说这个话，你自己都怎样"改成"你当然可以这样说，但因为你自己怎样，所以你的话没有说服力"，就合理多了。任何人都有说话的权利，但这并不意味着他们发言的效果是相同的，或者他们的说服力是相同的。不经过调查的人虽然拥有发言权，但他们往往没有多大的说服力。

语言作为人们的表达工具，或多或少地总是试图影响听众，或削弱听众原有的观点，或强化听众原有的观点，或添加新的观点给听众，所以，人与人的交流，就是一个说服和反说服的过程。在说话的人总是倾向表达自己的观点的正确性，明示或暗示你应当接受并认同他的观点。为了实现这个目的，这个人会采取一些手段来迷惑你的大脑，试图蒙骗过关。譬如表达者常常并不会直接说出他的观点，而是通过周边相关的语言来暗示你，让你在获取到这些信息后，自以为发现了重要事实，然后基于这些认识来采取相应的行动，结果你看似独立自主的抉择行为，其实是被他故意影响操纵的。

还有一种情况，表达者即使明知自己的观点存在重大缺陷，为了实现说服的目的，往往会夸大符合自己观点的内容，而有意忽略不谈那些不符合自己观点的内容，他们不编造事实，但会选择性地过滤事实，以此来欺骗你，以偏概全。另外，表达者明知自己的观点完全找不到被支撑，为了实现说服的目的，常常会选择诉诸情绪的方式，用一连串与观点没有逻辑挂席的具有感性色彩的词汇来点燃你的情绪，从而你会被"神奇"地说服。

为了不这样稀里糊涂地被说服，我们要警醒，像保护身体那样保护好大脑，而对抗"洗脑"式说服的强大思维武器就是分清观点和事实。分清观点和事实，会让我们的大脑保持活跃而清醒，守好大脑的信息输入大门，真正听懂对方到底在说什么。

当对方说话的时候，我们要问自己：对方表达了什么观点，提出了什么事实来支撑这个观点。对方提出的这些事实能不能支撑其观点，有没有相反的事实存在，对方会不会遗漏或隐藏了某些事实，等等。如果有质疑，就拿对方提供的事实求证，不足以证实，就暂不接受，除非对方提出新的事实。

分清观点和事实，听懂对方在说什么，以此让我们的大脑不打瞌睡，及时运转起来。同时也要警醒自己，不成为一个夸大其词、煽动情绪的人，客观、精准地去表达事实。

破壁思维

> 自我"破壁",也就是打开自我,通过辩证的自我否定,融
> 入日益开放的大世界。

破壁思维由我国杰出的营销策划人郑锦辉于2007年上半年原创提出,其核心内容是:自我"破壁",也就是打开自我,通过辩证的自我否定,融入日益开放的大世界。破,就是突破、破除规定、习惯、思想,破在于变,变在于通。壁,就是墙或某些物体上作用像墙的部分,它往往形成一种壁垒。"壁"拆开即为"辟""土",意思是开拓疆土,打破原来的领地,进入更新更广阔的范围。

破壁思维就是要抢占思维空缺,抢占思维空缺可以这样去理解:"抢占",即"勇破",就是与时俱进,珍惜智力资源,同时又是一种进取精神和自信的心态等。"思维空缺"的突破即要"智破",它是一种潜意识的直觉过程,还是一种灵感,从而会形成不拘一格的创意。

破壁思维也就是辩证思维,找到不曾到达的思维领域,纵横捭阖,承认世间万物内在的鲜活的联系,找到"此物的他物"彼此转化的过程。破壁思维要求人具备强大的洞察力和观察力,洞

察事物的内外因，分析此因彼果，让壁内与壁外互通、融合，转化为新的统一体，为事物的发展开路。破壁思维强调一分为二，一分为二不是简单的细分，而是在原来的因素里加进差别和对立，打破原有，让思维更完善更全面也更具体，更接近事物的真实层面。对于企业和市场来说，破壁思维就是要破除不利市场创新发展的权威、传统、束缚、规定、习惯、框架、平衡、定义、界限、经验等，打破界限，创新发展，超越腾飞。

"康师傅"与航天IP的结合正体现了这一理念。康师傅趁着中国航天日和"五一"小长假的到来，在山东济南举办了一场声势浩大的航天科普活动，还特别邀请国家首批航天员与观众们互动，赢得了广泛赞誉。事实上，现今康师傅所运用的HACCP食品安全管理体系认证已经有着航天的影子。在20世纪50年代后期，为了给宇航员提供安全食品，美国宇航局和食品生产企业共同开发了HACCP体系。目前，康师傅使用这一体系的精髓，为产品安全和品质护航。可以清晰地看到，康师傅对合作航天赋予的期待不在一域，而在全局，它希望以一种全新的认识论和方法论统领整个产业链。

在人类发展史上，每一次破壁，都是一次质的飞跃，一次创新的突破，一次大的翻身。如今的世界，更需要破壁腾飞。我们要使破壁思维真正成为指点现实的鼠标，在实践中发挥作用。更优秀的自己，不在"墙上"，在于破壁而出！

放大镜思维

在思考中，如何把一个事物放大，往往十分重要。

使用放大镜，可以放大原本细微的地方，让人看得更清楚透彻。放大镜的两种作用一是主动放大，这是针对主体而言；二是被动放大，这是针对客体而言。那把放大镜加上"思维"二字呢？放大镜思维，也是我们在日常生活中所需要和值得培养的。

在人的思考中，如何把一个事物放大，往往十分重要。比如一件看起来简单的事情，如果我们放大来看，可以看到很多的细微之处，意识到很多自己之前没有注意到的问题，让整个事情变得丰满可触摸。我们要有意识地运用放大镜思维，发现问题，预测问题，解决问题。同时也要注意被动的放大镜对自己的影响。譬如对自我情绪、观点、执念的放大，促使非理性的情感痛苦与非理性决策的产生。当伤心、内疚、遗憾、难过，甚至愤怒等情绪被我们放大时，就有可能让我们的生活偏离轨道，甚至会做出不符合规则和常理的事情。所以我们要去注意放大镜思维给我们带来的影响。

从另一个角度来看，放大镜下的生命世界是奇妙的。在对自然和生物的观察活动中，放大镜思维将把我们带入一个奇妙的世界。放大镜思维就是带着放大镜看自然，看生机勃勃的世界。这个放大镜也许是实体的，也许是虚拟的。

对于一个老师来说，对待自己的学生，也可以采取放大镜思维。在这里，我们放大的不是缺点，而是优点。鼓励与表扬对于激发孩子的积极性有很大的作用，而且"良言一句三冬暖，恶语伤人六月寒"，有可能你无意的表扬或赞赏或激励，都能让孩子有所改变。虽不能武断地说改变孩子的一生，但至少可以在孩子心中播下善意的种子，激励孩子一直向前，终有一天会等来花开。

降维打击思维

要想真正实现高维度思考，实现降维精准打击，需要持续学习，不断磨炼。

降维打击，从字面意思来解释，就是通过下降一个维度来打击对方。"降维打击"出自中国科幻作家刘慈欣的科幻小说《三体Ⅲ·死神永生》，指的是三维空间的物体一旦进入二维空间中，物体分子将不能保持原来的稳定状态，极可能发生解体，导致物体本身毁灭。降维打击就是将攻击目标本身所处的空间维度降低，致使目标无法在低维度的空间中生存从而毁灭目标。应用在商业里，则可以这样理解，用更高维度，就是更有优势、更有价值、更有吸引力的产品，来实现对目标物（包括人群）的控制，从而挤占其他领域内事物（包括产品）的生产空间，令其消亡。

现实世界是多元的，每一个问题都涉及多个变量，牵一发而动全身，当我们只需要在多个变量中重点考察一部分或者部分变量无关大局时，为了我们能够分析简化，降维就可以出现了。可见，降维是一种很实用的、降低复杂性的思路方法。

说到降维打击，360安全软件就是个经典案例。360安全软件直接打出了免费牌，免费的姿态直接让整个杀毒市场哀鸿遍野，其实这里的"免费"就是一波降维打击。因为在360安全软件杀进安全软件市场之前，卡巴斯基、瑞星等杀毒软件都通过向用户收取年使用费的形式来获取收入，这是它们核心支柱的一个"维度"。然而360安全软件直接把收费这个维度彻底取消了，并且它在取消这个维度之后自己占据了绝大部分的市场份额，相当于给整个市场丢了一个重型武器，杀伤力巨大，所以其他的杀毒软件卡巴、瑞星等就直接被打击，毫无还手之力。他们要面对竞争对手以取消一个要件的形式发起的攻击，而自己又离不开这个要件的时候，根本无应对之法。又譬如小米的硬件一直奉行零利润，这对于竞争对手来说，也是同样杀伤力巨大。因为依据消费者的心理，势必会向更低的价格倾斜。

在整天忙于工作的时候，我们可以认真思考一下，还有没有更加有效的做事方法，如何进行高维度思考，进行降维打击。譬如我们可以首先进行数量级训练。当我们在做一件陌生的事情时，我们心里多多少少会有点抵触心理和畏难情绪，这属于人之常情。对于陌生的知识、陌生的事情、陌生的人，第一次接触心里都会有这种感觉。做了几次以后，便能熟能生巧。其次学会站在更高的角度去看问题。如果我们凡事能够站在更高的角度，自然就不会做出冲动的事，保持头脑的清醒。另外持续学习，汲取知识，实现弯道超越。要想真正实现高维度思考，实现降维精准打击，需要持续学习，不断磨炼，才能达到这样的高度和境界。

反熵增思维

反熵增思维就是通过一定的措施让体系从无序的状态转变成有序的状态。

先介绍一下熵的概念。熵是来自物理学的一个概念，是用来描述一个系统的混乱无序程度，一个系统越混乱，越无序，熵值就越大；越有序，熵值就越小。由牛顿第二定律可以推导出，一个封闭系统的内部，事物总是从有序趋向于无序，熵值在这个过程中是不断增加的，这也就是物理学上所谓的"熵增定律"。物质世界的状态总是自发地趋向于无序，从"低熵"转变到"高熵"，比如当外力去除之后，排列整齐的分子就会自然地向紊乱的状态转变。

人体是一个巨大的化学反应体系，生命的代谢过程建立在生物化学反应的基础上，人体的生命化学活动同时存在自发和非自发过程，相互依存。也因为熵增的必然性，生命体不断地由有序走回无序，最终不可逆地走向老化死亡。其实从某种角度上来说，生命的意义就在于拥有抵抗自身熵增的能力，即反熵增的能力。所以了解反熵增思维，对我们来说的意义就是更了解生命，更了解生命的意义到底在哪里。

反熵增思维就是通过一定的措施让体系从无序的状态转变成有序的状态。说到反熵增思维，就不得不说到亚马逊的创始人贝索斯，贝索斯正是通过他的第一性原理——反熵增思维，带领着亚马逊这个庞大的组织不断向前。

贝索斯发明了两个词："Day one"和"Day two"。他为了提醒自己，还把工作的大楼直接命名为"Day one"，提醒自己，每天进入这个大楼的第一步，看到的都是贝索斯的第一天，都是亚马逊的第一天。"Day one"的寓意是创业起步的状态，背后的实质是找到破局点的创新；"Day two"的寓意是功成名就的状态，背后的实质是即将进入创新者窘境的在位企业，即将遭遇失速点。在贝索斯看来，当你达到了人生巅峰，就要开始走下坡路了，人生要保持在"Day one"的活力状态，避免陷入"Day two"的"高熵"状态。

无论是文化、企业还是个人，它的发展壮大都是在反抗熵增。对于个人来说，首先要永远保持贝索斯所说的"Day one"的状态，抛弃旧有的存量，去寻找新的增量。其次当发现自己身处在舒适区时，应对周边事物的方式逐渐成熟，要警惕熵增。再次保持一个开放的系统，去接受这个世界的各种可能。最后将个人能力拆解成多个小模块，进行能力管理。

保持秩序不容易，因为一切都在让事情变得越来越复杂。不管是企业还是个人，都要与外界交换能量，使自己处于动态平衡的状态。唯有如此，生命才有源源不断的活力。

平衡轮思维

人生平衡轮就是用来分析我们人生的。

　　我们在生活中总是要平衡各种各样的问题，总会有头绪纷繁无法捋清的时候，这时就需要停下脚步，捋清思路。当各方面都有冲突，无法平衡，我们就可以运用到这个工具——平衡轮，去进行厘清调整。平衡轮就是把一个圆分成八个部分，然后根据我们要分析的目标分成几个关键方面，分别给予打分。人生平衡轮就是用来分析我们人生的。

　　对于我们每个人来说，人生不外乎这几个方面：家庭、爱情、健康、财富、成长、朋友、娱乐。平衡轮，我们通常把它用于理清多维的现状，刚刚提到的这些维度都是我们每个人必须要有的，或者其中几项对你来说是非常重要的，然后从中找出你的短板，并通过对短板的调整，来实现整个生活状态的平衡。这个原理是说，每个人的生活是一个综合体，不管在哪个阶段，都需要不断调整，平衡多方面的因素。这个调整的过程，是为内心的平衡或整个生活节奏的平衡而服务的。

　　具体可以这样做：第一，结合我们分析的目标，思考重要的关键因素或者重点涉及的相关内容。第二，画出平衡轮，给每个因素进行评分，0分最低，10分最高，进行客观公正地打分。第三，仔细思考之后，在平衡轮上画出分数，总结自己得分最低项。第四，找出关键项，当这一项分数提升时，也能够带动其他项分数提升。第五，列出行动方案，也就是根据关键项去调整你现在生活的重心和节奏。

平衡轮可用于核心价值观的排序，既适用于个人，也适用于团队。探索共同的核心价值观，主题是我想成为一个什么样的人，在平衡轮上列出至少八个关键词，譬如勤奋、坚持、正直、善良、勇敢等，并在每一部分尽可能多得使用这些价值观内容。比如，以健康状况为例，对你的健康而言，什么事情是最重要的；拥有健康，对你有何重要性；这个重要性对你又有何重要性；第二个重要性对你又有何新的重要性。这样一层一层抽丝剥茧，看到核心。也就是从价值观平衡轮中，来找出你的核心价值观，然后活出核心价值观的状态来。

平衡轮可以用在很多方面，我们的生活和工作都可以。这里面平衡的原理其实就是你一定要重视到你生活中最重要的各个构成部分。大家可以用平衡轮自我分析，也可以帮别人分析。让平衡轮转起来，飞起来，转出成功、快乐、平衡的人生，飞到你最想要去的地方。

遗憾最小化思维

遗憾最小化思维的核心是做出最适当的选择。

遗憾最小化思维的核心是做出最适当的选择。遗憾最小化思维来源于贝索斯。早年的贝索斯一直在华尔街打拼，而且收入颇为丰厚。有一天他对老板说，自己想去做一件疯狂的事，打算开一家公司，在网上卖图书。老板听了他的创业计划之后表示比较赞同，但是说，"这个项目更适合一个现在没有一份好工作的人来做"。贝索斯也曾因此犹豫，虽然妻子很支持，可是一旦真的支持了，就有可能过上一种不稳定的生活，这对妻子并不公平。但他仍然想要去做这件事，所以他试图寻找一个框架，来说服自己去做的这种疯狂想法。最后他找到了，并称之为"遗憾最小化框架"。

1995年，贝索斯30岁，创立了亚马逊。那时，他说："把自己想象成80岁的模样，并思考：现在回望我的一生，我要把遗憾事件的数量降到最低。""我知道在我80岁时，我不会因这次尝试而后悔，我不会后悔参与到互联网这个我认定是了不起的事情中来。我知道，哪怕我失败了，我也不会遗憾，而我可能会因为没有尝试而最终后悔不已。""如果你能想象自己年满八旬，并思考'老了的我会怎么想呢？'这个问题，你就可以因此而摆脱每日琐碎的困惑的干扰。你要知道，当时我从那家华尔街公司离职创业时恰逢年中，这样连年终分红都没我的份了。""就是这类短期的事情会干扰你的判断，只要你把眼光放得更长远些，你就可以做好生命中的重大决定，而不至于日后后悔了。"

这些都是贝索斯面对"遗憾最小化框架"时所给出的解释，他还坦言这是影响他一生的理论。也正是因为这样的一个思维框架，才有了今天的亚马逊，才使得杰夫·贝索斯登上了全球首富的宝座。

我们做任何决定，最终都有可能会后悔、会遗憾，但是面对多个选择时，我们应该选择让自己遗憾最少的那个。正是因为贝索斯选择了创业这条路，才为自己塑造了一个精彩的人生。每个人都会面临很多选择，重要的是，你要像贝索斯那样，努力证明这个选择是对的。个人努力的过程，会伴随着无数的质疑，同时也是你个人不断蜕变的过程。

人一旦做出了想要的选择，从事了想干的工作，就要立刻动手努力去做，不要怕麻烦，不要怕困难，敢想敢做。唯有行动才能破除所有的不安。

不用过分"完美主义"思维

学会接受缺憾，并尽快意识到自己无法面面俱到、做到完美，继而学会取舍和放弃。

完美主义是大部人身上的一个特征，它会对我们生活的方方面面产生影响。心理学研究发现，完美主义很大程度上跟童年时父母的抚养方式有关。幼儿自身是缺乏行为能力的，需要抚养者妥当的照顾才获得安全感，身心才能健康发展。长大后的完美主义者心里会有一对内化的严厉父母，当他们的表现没达到自己的高要求时，内在父母就会跳出来指责他们，让完美主义者感觉到自责与焦虑。而完美主义，不仅会让人陷入停不下来的漩涡之中，更是会对生活的方方面面都有消极的影响。

完美主义者不是不擅长和人打交道，而是他们害怕与他人建立起亲密关系，怕让别人看到"还不是那么完美的自己"。杜克大学曾做过一项研究，得出一个很有趣的结论：他们发现完美主义者会要求自己看起来"聪明、有成就、身材苗条、颜值高、受人欢迎，并且最重要的是要让同龄人觉得他们这一切好处都是没有付出任何努力就能得到的"。完美主义者快乐的来源是超过其他人，而不是与别人建立真正情感和心灵上的链接。

健康的关系往往建立在互相需要的基础上，并且通过暴露不足建立亲密感与信任感。设想一下，谁愿意跟一堵无坚不摧的墙建立关系呢？即便这个墙是完美的，甚至是用金子砌起来的。完美主义者通常会奉行这么一则信条——"要么全部，要么全不"。对完美的追求会让完美主义者们经常迟迟不能开始做事情或完成事情，也就是我们常说的拖延症。

另一项关于"学习行为与完美主义的联系"的研究发现，完美主义会让学生增加对犯错误的恐惧程度。并且这些完美主义的学生也通常会把课程想象得比实际程度要难很多，导致他们失去学习的动力和信心，不敢尝试挑战性的课程。而完美主义者也会执着地完成"二八原则"中那最费精力的"二"，导致他们付出很多无谓的精力，却得不到相等的回报。

过度的自我苛责会使完美主义者大脑中的恐惧感长期出现，让完美主义者处于高度的精神紧张。长此以往，完美主义者很容易出现焦虑症、抑郁症。完美主义者往往很难接受微小的人生失败，毕竟在他们看来，一切都应该是一帆风顺的。当出现挫折时，他们会产生的挫败感要比普通人强烈得多。

我们不用过分"完美主义"。在事情的整个进展中，不要被那些微小的细节所束缚，一旦某个细节受到干扰就要全盘否定。要学会接受缺憾，并尽快意识到自己无法面面俱到，继而学会取舍和放弃。"人有悲欢离合，月有阴晴圆缺，此事古难全。但愿人长久，千里共婵娟。"现实里有太多的不如意，我们无法掌控，也无法去苛求完美，能够和和美美、身体健康地生活下去，就是幸福的人生。

抽离式思维

用"第三者"的身份去观察自己，用心去观察。

什么是抽离式思维？就是用"第三者"的身份去观察自己，用心去观察，而不是视觉意义上的观察。这里的"第三者"是指站在和自己无关的立场上，扮演与自己无关的旁观者。比如，可以观察自己的思维和想法，观察自己的心理状态、情绪、情感；观察自己的身体、呼吸、肌肉的状态、肌体活动等。思维就像肌肉，要不断刻意训练，才会强大，抽离式思维也一样。在我们的意识里，注意力是稀缺的资源，好好利用的话，对我们很有利。

很多情绪是源于认知、源于思维的，而很多的心理疾病的症状是跟情绪有关。不同的家庭，有不同的思维模式。家庭是孕育生命的地方，都说家长是孩子的第一任老师，家庭是孩子的第一所学校，家庭对人的影响可以贯彻一生，影响到方方面面，不管是人生观、价值观、世界观，甚至小到吃饭的习惯。不同的家庭有不同的格局，培养的孩子也不一样。所以将自己抽离出来，审视自己从小的生活环境和习得的价值观念，接纳自己的不完美，从而去找到和自己最好的相处方式。

抽离让我们的内心从当下分离出来，从客观的角度对正在发生的事情更加冷静地观察和思考，这将有利于缓解可能发生的冲突与误会，以及因为烦恼、愤怒而产生的偏见。我们的烦恼和情绪如一头凶猛的大象，不受我们理性的控制。平时这头大象是隐藏起来的，我们看不到，等它突然出现的时候，我们已经措手不及，因此当我们想要去抓住它的时候，它已经从我们身边奔驰而去，我们看到的只是大象的尾巴。这就是普通人只能在事后去观察的比喻，他们只能看着大象的尾巴而悔恨，希望大象下一次出现的时候自己能够抓住它。但由于没有经过训练，所以大象下一次真的来了，这种情况还会再次出现。可是我们不能让这样的情况一次次发生，要将自己从事件、情绪中抽离出来，及时审视，自我反省，这是抽离式思维的运用。

　　使用抽离式思维，可以改变自己的状态。当你情绪失控时、行为失控时，可以利用抽离式思维，冷静下来后，再回到事情本身。用内心观察自己的身体、身体的活动、你的一呼一吸，关注自身的身体健康。

头脑开放思维

理性看待各种观点，对各种分歧进行深思熟虑地分析。

华尔街投资大神、对冲基金公司桥水创始人瑞·达利欧的人生经验之作《原则》里面讲了人的生活原则和工作原则，人们受自我意识和思维盲区的影响，总是认为自己的看法是对的，无法看清客观现实，要想避免这种情况，就必须做到头脑极度开放。这里的自我意识说的是人们的潜意识总是把对自己的批评看成是攻击性行为，因此对批评的声音有着与生俱来的抗拒。就像人与人之间在交流的时候，一旦对方对你的观点有所反驳，你的第一反应肯定是辩解，而不是认真地去分析对方的反驳是否有道理。思维盲区说的是人们总是站在自己的角度来看问题，无法理解自己看不到的东西，也不善于探索他人的想法。就像色盲一样，总是认为世界是一种颜色的，不能理解别人说的五颜六色的世界，也不善于探索他人说的世界是什么样子的。

在一个人决策、判断、思考和选择的过程中，头脑开放是极其重要的。要想头脑开放，我们就要注意首先不让痛苦控制自己，引导自己进行高质量的思考，承认自己的盲点，将自己日常因为思维盲点做出的糟糕决定记录下来，然后不断提醒自己举一反三，避免同样的错误第二次发生；其次重视证据，使用以证据和事实为基础的决策工具，在决策时多问问自己是基于哪些证据和事实来进行决策的，并分析这些自认为的事实和证据是否正确，也要有决策程序；再次要有批判精神，多多倾听来自他人视角的意见，再进行多元思考；最后，和他人交谈时，注意什么时候问，什么时候回答，避免为自己狡辩，要对头脑封闭的迹象保持警觉，一旦自己心情烦躁或者想发脾气时，就要提醒自己保持冷静。

头脑开放思维模型可以被用在很多场景中，譬如和对方简单地讨论一个问题时，或者基于某个问题收集新信息时，再或者自己建构起一个系统的时候。

那么我们如何做到头脑极度开放呢？重点是要做到理性看待各种观点，对各种分歧进行深思熟虑地分析。首先，要把握一个重要的原则就是争论的核心是找到解决问题的正确方法，而不是证明自己的方法是对的。其次，找到解决问题方法不一定非要靠自己想出来，也可以向专业人士请教。最后，与别人争论的时候，要先弄清楚别人的观点和理由，然后再进行分析，最好是复述对方的观点和理由，得到对方的确认，以免受思维盲区的影响，错误理解了对方的观点和理由。

在具体实施头脑开放思维的过程中，要识别出头脑封闭的情况，对此产生警觉，一旦发现有头脑封闭的迹象就要时刻提醒自己不要头脑封闭，要头脑开放。进行刻意的练习，把头脑开发当作一种习惯来培养，才能将头脑极度开放深入到潜意识中，让我们随时都可以开放头脑。

价值网思维

坚持纵深价值，培养协同能力。

猫眼CEO郑志昊提出了一个概念，叫作"价值网思维"。他认为随着大环境的变化，创业者只是布局单条产业链已经不够了，会显得单一，应该形成协同效应，也就是用价值网思维去创新。"通过多条价值链纵深价值挖掘和多项平台能力横向建设，亚马逊打造了一张庞大的价值网，业务拓展至图书、3C、母婴、服饰等零售电商领域，以及电影、电视、音乐等娱乐领域，产生了极强的协同效应。"在他看来，亚马逊的发展代表了价值网思维。

价值网创新思维特别讲求纵深价值以及协同能力，郑志昊认为，商业巨头在这一点上会有使不上劲的地方，这就意味着创业公司还有机会，"在不需要纵深挖掘、不需要有积累的能力沉淀的领域，是巨头比较容易使劲的地方，我们（创业者）跳进去很有可能找死。"他建议创业者从单点出发，建设起一条线；从线出发，做到一个网；从网出发，形成一个面上的优势，"最好能在打点、连线、结网思考的各个维度上，找到不同的成长空间。"

譬如在娱乐领域，亚马逊为应对苹果的竞争，推出了Kindle Fire，并加大了上游娱乐内容布局力度、全产业链布局娱乐服务。Kindle电子阅读器在2007年的推出正式将亚马逊带入了数字阅读市场。目前，Kindle占据全球电子阅读器市场的65%，亚马逊在美国市场的电子书市场份额也占到了60%。这正是在单一价值点已经很难突破重围时，公司转而纵向深入产业链、横向扩大平台业务，并且业务之间产生协同效应，从而破局的体现。

在过去，猫眼一方面加大产业链"纵向"拓展力度，一方面也将自己的在电影价值链重塑过程中获得的多种能力沉淀为企业级平台能力，多元化拓展业务，打造协同效应。早在2017年，猫眼便已经开始布局"双微一抖"的内容，这让猫眼在产业链上又获得了新的话语权。

又比如，共享单车为解决出行"最后一公里"的刚需，提供了一种极简的解决方案，是一个很好的价值点创新。但在发展过程中，共享单车逐渐暴露了边际成本不能随规模增长而缩减、边际效益没有增加、总亏损持续加大，导致了各个共享单车公司的困境。最终，像ofo这样一度增长迅猛的公司也倒下了。而另一方面，摩拜最终携手美团，成为美团生态的一部分，背靠阿里体系的哈罗单车成了支付宝生态的一部分。

在资源缺乏或环境不利的情况下，拥有价值网思维，你可以反败为胜，价值网的价值让困局出现转机，单点价值缺失变成协同价值重新定位，让公司在各个维度上找到新的生长空间。

互联网思维

互联网思维的精髓简单说来就是用户至上、体验至上、服务至上、平台至上。

互联网时代，数据大爆炸，人与人之间的距离好像很近，也好像很远。互联网思维，就是在大数据、云计算等科技不断发展的背景下，对市场、用户、产品、企业价值链乃至对整个商业生态进行重新审视的思考方式。百度公司创始人李彦宏提出了互联网思维。

互联网时代的思考方式，不局限在互联网产品、互联网企业。互联网不单指桌面互联网或者移动互联网，而是泛互联网，因为未来的网络形态一定是跨越台式机、笔记本、平板、手机、手表等各种终端设备的。一般认为，互联网思维指在(移动)互联网、大数据、云计算等科技不断发展的背景下，对市场、对用户、对产品、对企业价值链乃至对整个商业生态进行重新审视的思考方式，本质是发散的非线性思维。互联网思维有六大特征：大数据、零距离、趋透明、慧分享、便操作、惠众生。

互联网思维由以下八个核心理念构成：

第一，用户思维。互联网思维最重要的就是用户思维，即在价值链各个环节中都要"以用户为中心"去考虑问题。从整个价值链的各个环节，建立起"以用户为中心"的企业文化，只有深度理解用户，才能一直生存在商业王国里。

第二，简约思维。互联网时代，信息爆炸，用户的耐心越来越不足，所以，必须在短时间内抓住用户。要遵循两个法则：一是专注。专注才有力量，才能做到极致。苹果就是典型的例子，1997年苹果接近破产，乔布斯回归，砍掉了70%产品线，重点开发四款产品，使得苹果扭亏为盈，起死回生。二是简约。在产品设计方面，要做减法。外观要简洁，内在的操作流程要简化。苹果的外观、特斯拉汽车的外观，都是这样的设计。

第三，极致思维。极致思维，就是把产品、服务和用户体验做到极致，超越用户预期。

第四，迭代思维。这是一种以人为核心、反复、循序渐进的开发方法，允许有所不足，不断试错，在持续迭代中完善产品。小处着眼，微创新。

第五，流量思维。"目光聚集之处，金钱必将追随"，流量即金钱，流量即入口，流量的价值不必多言。要遵循两个法则：一是免费是为了更好地收费。二是坚持到质变的"临界点"。任何一个互联网产品，只要用户活跃数量达到一定程度，就会开始产生质变，从而带来商机或价值。

第六，社会化思维。社会化商业的核心是网，公司面对的客户以网的形式存在，这将改变企业生产、销售、营销等整个形态。要遵循两个法则：一是利用好社会化媒体。二是众包协作。众包是以"蜂群思维"和层级架构为核心的互联网协作模式。要思考如何利用外脑，不用招募，便可"天下贤才入吾彀中"。

第七，平台思维。互联网的平台思维就是开放、共享、共赢的思维。平台模式最有可能成就产业巨头。全球最大的100家企业里，有60家企业的主要收入来自平台商业模式。

第八，跨界思维。随着互联网和新科技的发展，很多产业的边界变得模糊，互联网企业的触角已无孔不入，只有多行业合作才能在"互联网+"时代纵横商海，无往不胜。互联网思维的精髓简单说来就是这些：用户至上、体验至上、服务至上、平台至上。

在如今的互联网时代，用好互联网思维，走遍天下都不怕。

错误记录思维

人们若想有所追求，就不能不犯错误。

　　印度的泰戈尔有句名言："如果你把所有的错误都关在门外，那真理也就被关在门外。"德国的普朗克也说："人们若想有所追求，就不能不犯错误。"人生是在不断犯错中前行的。从出生落地开始，我们就在不停地犯错，也正因为有了一个个错误，我们才能进步。错误有时是一种莫大的动力，而有时却仅仅是一个沉重的包袱，这取决于你如何看待错误。

　　有人将错误记录、浓缩，提取其中的精华，将它转化成了经验，印在脑海中，等到下一次便提醒自己"不能再踏入同一条河流"。前期的错误越多，后期的正确率才会越高。经验多了，成功也就随之而来。

　　人遇到困难时，都有畏难心理。人是很容易向事物妥协的，可能会选择逃避，越是巨大的错误我们越是容易放弃。殊不知，我们这一放弃就是在放弃一个机会，一个成功的机会。错误是成功的大门，有些人打开了却充满畏惧地折了回来；有的人打开了，却因一点点挫折而坐在原地不动；有的人打开了也走了进去，并且一路披荆斩棘，迎难而上，这种人是最终的强者。正视错误，从错误中汲取能量，也就能迎来成功。有些人可以快乐地迎接错误，他们懂得吸取教训，知道什么叫雨后必有彩虹。他们是勇敢的前行者，跌倒了，爬起来，拍掉灰尘，继续放声大笑，勇敢大步走。

汉代刘邦吸取了秦朝灭亡的教训，采用了休养生息的政策。东汉看到西汉土地兼并的弊端，开始限制这个问题。唐朝吸取隋朝穷兵黩武的教训，开始推崇文教。宋朝吸取唐朝后期的大家族、外戚专政的教训，采取不杀读书人、限制武人的政策。明朝吸取过去宦官干政的教训，专门在宫殿门口贴了一个牌子，规定宦官不能接触政事。以史为鉴，让人们少走很多弯路。

在通往目标的路上，成功的路可能只有一条，然而错误的路线可能有千百条。我们犯错也会有不同的原因，也可以用规律总结出来。所以，把错误记录下来，总结出原因，学会警惕，也是一件有价值的事情。

在记录错误时，要注意，自己的错误要记录，他人的错误也可以记录，有则改之无则加勉；记录错误时，也要知道更好的路径，一直正确的道路可能不存在；在记录错误时，要知道是哪个关键点导致了错误；知道并思考错误产生的深层次原因；进行全方位的了解，虽然会很困难，但可以洞悉很多之前没有发现的漏洞；可以建立错误收集库，整合错误，提升认知。

点滴串联思维

很多在你身上发生的事情，在未来某一时刻会串联在一起。

乔布斯在给斯坦福毕业生演讲时说："很多在你身上发生的事情，在未来某一时刻会串联在一起。你在向前展望的时候，不可能将我们目前所经历的每一个片段串联起来，你只能在回顾的时候才可以。所以你必须相信这些片段会在你未来的某一天串联起来。你必须要相信某些东西：你的勇气、目的、生命、因缘。相信正是他们的存在，让你的生命更加与众不同而已。所以，我坚信今天的每个点滴都会在将来折映出太阳的光芒。"

在乔布斯大学辍学的那几年，他有一次去蹭课，被课堂中字体排版的艺术气息震撼。但是他当时不觉得这个事情对他有用。直到他开始做电脑时，他要求把电脑外壳做成透明的，他要求工程师把里面的线也排得整齐，要符合艺术气息，让用户体验到这种整齐的美。最终这款电脑因为这种设计而大获成功。很多时候，我们并不知道当下的知识和经验对未来有什么用。只有在未来蓦然回首时才会发现，当年的一个个经历、一件件事、一个个道理串联在了一起，你有了全新的判断和全新的决策。

乔布斯因坚信、坚持、坚定而造就了他的传奇人生，他成了影响时代的人物。我们不能与之比较，但是，"你要坚信，你现在所经历的，将在你未来的生命中串联起来"，这会让我们拥有更多的信心去面对无法改变的现实以及无法预测的未来。人生的任何一种经历，愉快的、悲惨的、压抑的或无聊的，看似无用，看似是走了一些弯路，浪费了人生，但最后，会在某一天让你发现，他们被命运的线串在一起，织成了人生的图锦，缺一不可。所以，找到自己未来的方向、你喜爱的方向，努力去做。

　　首先要去做你想做的事，不被身份和年龄所困扰。不要在日复一日的平凡日子里变得平庸和溃败。不停积累，奋起向前，过去一点一滴的积累，最终会成就今天不平凡的你。正是点滴串联的这种信仰让乔布斯没有失去希望，使乔布斯的人生变得与众不同。你必须有忠于自我的信念，不管是培养自己的技能，还是坚持不懈地培养自己的品质，如勤奋、善良、正直、专注，可能在未来的某一天，它们都会派上用场。

　　人生因经历而多姿多彩，生命就是各种经历的串联，不管是顺境还是逆境，也许回头串联起来就是一串形状各异、散发优雅光芒的珍珠项链，而你要做的就是让这串珍珠项链越来越有光泽。

精益执行思维

做陌生工作时，先保证合格，然后边做边修改。

　　精益执行是做陌生工作特别适用的一种思维方式，通俗简单的解释就是"先保证合格，然后边做边修改"。当我们面对一个新的、不熟悉的事物但又需要动手时，在第一步我们不用想着面面俱到，不用把所有情况、所有因素都考虑到了才动手，而是可以先做一个基本合格的东西出来，当然不能太差，不着边际。然后按照步骤和计划一边做一边修改，慢慢把它弄得越来越好，朝着一个向上的方向稳步向前。

　　举个现实生活中的例子。现在微信的公众号有很多大V，他们实现了公众号的引流，粉丝牢固，可以写软文接广告，实现了价值最大化。假如你也想要去做一个公众号，有一种办法是一次性全部考虑周全，如文章排版、文章内容、材料取舍、设计配色、文章顶部和底部放置的各种信息，有些还有配套的音乐、交互界面、关注语等。这非常耗时间，而且效率会比较低下，很容易在构思阶段就把人压垮，一个个问题就像一座座小山，不停堆积，让你喘不过气来。

如果我们采用精益执行的办法，收集到一定的必需信息后，就可以着手操作了，然后边做边改。对其他做得好、做得优秀的公众号进行了大量搜集、整理和观察后，我们发现公众号会有至少一张配图，一篇文章会分三个标题来撰写内容，结尾会留一个二维码引导关注，也就是引流。我们在搜集到这样简单的信息之后就可以先进行简单的尝试，再去继续观察别人的公众号，找到自己不足的地方，并且接受自己读者的反馈。在下一次的文章更新时，将之前反馈的意见纳入，再加上自己的巧思，把需要修改的地方都做修改。配图不够精美，那就去找精美的图片；音乐不够合适，就去多听几首，找到感觉；如果页面太乱就优化页面和排版；开场白不够吸引人，则可以专注在开场白上下功夫。一段时间以后，一个有模有样的公众号就出现了。

简单总结，就像鸟儿们搭窝一样，先搭出一个基本的框架，不用很优美，等到框架雏形出来之后，该加草的时候加草，该补泥的时候补泥，也就是不用在最开始的时候就把事情想得特别完美特别好，先做一个基本合格的东西出来，后面再慢慢修改，这样节省时间和精力，还能保证执行的方向是对的。

这是我们一种做事的思维方式之一，要学会在合适的情况下使用它，具体问题具体分析。同时，精益执行还有另外一层意思，就是快速迭代，快速验证，不用非得万事俱备才开始行动。

心智模式

仁者见仁谓之仁，智者见智谓之智。

　　"心智模式"这个名词是由苏格兰心理学家肯尼思·克雷克在1940年创造出来的。心智模式又叫心智模型，是指深植我们心中关于我们自己、别人、组织及周围世界每个层面的假设、形象和故事，并深受定式思维、已有知识的局限。简单来讲，心智模式就是我们组织和加工世界的方式。它能让我们对不同事物有不同的解读，产生不同的情绪。心智模式有不同的分类，如成长型思维，属于成长型模型，就是指能够不断发现自己的能力并且积极挑战，解决新的问题，有自己的目标，形成正性循环。还有固定型模型，属于防御型心智模型，就是指人的安全感没有得到满足，不愿意探索世界、不愿意去面对必要的难题，总在想办法回避伤害，别人的批评和表扬对他都会产生影响。

　　斯坦福大学心理学教授卡罗尔·德韦克首次提出了成长型思维模式的概念，"拥有成长型思维模式的人，更容易取得非凡成就。"稻盛和夫也说："我深深地感到，人从年轻时就有必要探索人生中应具备的思维方式与哲学。拥有怎样的思维方式、人生观和哲学，是一个人的自由。然而，由此而产生的人生结果，也必须由个人承担。"在27岁创立公司后，稻盛和夫就把作为人应该做的事情逐条归纳总结，编辑成"京瓷哲学"，记录了几十条他在工作实践中体悟的人生应有的思维方式。

我们可以用"登山"来比喻应该拥有怎样的思维方式，这也是稻盛和夫的理念。如果要爬附近的低矮山丘，只需以郊游的心态，身穿常服，脚穿运动鞋。如果想征服阿尔卑斯之类的雪山，就必须配备相应的装备。而如果是攀登珠穆朗玛峰，那么就更不一样了，必须身怀攀岩技术，配备各种各样的装备，接受严格的训练。

心智模式其实就是对待事情态度的惯性模式，存在于每个人的内心深处，是你做任何决策依据的标准，也就是我们平时说的三观——世界观、价值观、人生观。心智模式决定了一个人的思维模式和情绪模式，即面对人、事、物时如何思考和行动。

对一个企业家来说，心智模式决定了你怎么想、怎么做以及你的情绪。心智模式一旦形成，很难改变，很多企业老板，以往的成功就形成了固有的心智模式，以至于碰到新的竞争对手侵入自己的行业，还坚持自己原有的打法，觉得自己行业很特殊，很难被颠覆。但企业领导者的想法、做法、情绪，最终会影响到你的企业。企业中存在的问题，从根本上讲，还是心智模式的问题。

中国的《周易》说："仁者见仁谓之仁，智者见智谓之智，百姓日用而不知，故君子之道鲜矣。"西方有句俗语说，"一千个人就会有一千个哈姆雷特"，说的也是认知的差异。心智模式的差别造成了我们的认知差异，我们生活在自己的心智模式之中，就像鱼生活在鱼缸之中，并不会意识到有什么不同。而这些就是我们思维中的墙，想要突破，就必须打破自己的心智模式。

不同的心智模式，决定了人生的不同走向。接受可以接受的，改变可以改变的，一旦我们找到自己的心智模式，意识到某方面的存在并且有意识地去改变，就会有很大的突破。

把背包扔过墙思维

先把背包扔过墙，然后拼尽全力，激发你的潜力和挖掘你的智慧，去实现你的目标，兑现当时的诺言。

在生活中，我们可能会遇到这样一个现象，在自己还不知道能否做到一件事时，大声宣称可以做到。事后，虽然为自己的承诺后悔，却想到自己已经承诺，所以会拼尽全力去做。这种现象，就像在翻墙时，先把自己的背包扔过墙，那么自己也就不得不用尽全力实现翻墙的目标。

人本身就是一个复合体，有爬行脑掌管的欲望部分，有边缘系统决定的情绪部分，也有大脑皮层控制的理性部分。每天我们都在和自己战斗，早起就是一天战斗的开始，入睡就是一天战斗的结束。内心的声音每天都有好多种，有些想要安逸舒服，有些想要上进成长，还有的看到或感觉到某些事物就不开心或者兴奋。所以，我们要用智慧将每个声音中的各种力量拧成一股绳，有时就要用智慧让他们达成一致。

譬如理性的"我"想实现翻墙的目标，但发现没有动力，欲望也不强烈。可是不管三七二十一，理性上进的"我"先把背包扔过墙，然后情绪容易激动的"我"就立刻着急，赶紧翻过墙取包，欲望的"我"也很着急，要赶紧取，不能丢了包。既会损失钱，又要花时间买包，所以脑中的信念就是赶紧翻墙。接着力量三合一，潜能爆发，动作利索得像特种部队一样翻了过去！

有时候，你需要逼自己一下，不逼自己一下，你永远不知道潜能有多大。有时把自己置于一个可能会带来风险和损失的地方，可以更好地激励自己。如果你想跃过一堵墙，觉得很难，怎么办？把背包先扔过去，这样你一定会想方设法翻过去。

宋真宗时，契丹人大规模入侵，一时间危机四伏，宋朝上下人心惶惶。真宗召集群臣商量对策。大臣王钦若说："契丹兵力雄厚，我们不能和他们正面发生冲突，只有求和，再送上金银珠宝和美女，契丹一定会退兵的。"宰相寇准坚决反对："还没有打，怎么就说丧气话？依我看，不如我陪着皇上御驾亲征，可以鼓舞士气，这样我们一定会打胜的！"真宗采纳了寇准的建议，后来果然获得大胜。有时候孤注一掷，把背包扔过墙，说不定能收获意想不到的惊喜。

人们之所以感到疲倦，是因为他们常常徘徊在坚持和放弃之间，犹豫不决。先把背包扔过墙，然后拼尽全力，激发你的潜力和挖掘你的智慧，去实现你的目标，兑现当时的诺言。

概率思维

概率思维是我们认识真实世界最有力的武器。

概率思维会赋予我们切换上帝视角的能力。当大脑嵌入概率思维后，你看到的世界就再也不是原来的样子。理解了概率思维，我们会比较容易理解，不能仅凭一个人成功后达到的高度，就判断他之前的决策是正确的，也不能以为学到很多成功者的经验，就可以确保自己会成功。

概率思维是我们认识真实世界最有力的武器。它把真实世界原原本本展示在我们面前，丝毫不加以掩饰，我们常会不接受它的直白或是妄图给它加一层温情脉脉的面纱。然而当我们需要认识真实世界的时候，我们所依赖的模型必须是客观真实的。当我们能深入理解概率思维时，常常能做出更加正确的选择，或是增加成功的机会，更加清晰哪些成功是可以复制的，哪些就是一个传说，无法复制。

为什么现实和感觉常常不一致，如何才能看清这个世界？有人觉得概率思维应该是统计学家的事，与我们普通人无关。其实我们每天都在不自觉地运用概率，比如看到天突然黑云密布，就会考虑带上伞出门，这很稀松平常，几乎是条件反射，不需要思考。一个懂得概率思维的人会把普通的事变得不同，也会知道主观概率的准确性取决于信息的质量，掌握的事实和细节越多，越能做出准确的判断。

换句话说，概率思维的主要目的是做决策。概率思维提醒我们在思考问题的时候，尽可能扩大视野，以增加判断的确定性。当然，活在现实而不是抽象世界的人不可能拥有真正全视野，但这是我们追求的方向。

当我们真正理解了概率思维后，就要用它改变我们的思想，进而改变我们的行为。首先我们不要做概率上必输的事情，而是做长期来看增加盈率的事情。对经验慎加考量，包容不同甚至矛盾的观点。定理在物理学里是可以重复验证的，而在管理学里是不行的，这也是管理学的魅力所在。另外，学会不用小概率事件去反驳别人的观点。

概率思维给我们最大的启发是，过去的每一件事都可能是众多结果之一，未来发生的事情也是有无数种可能的结果。这就是我们常说的不确定性。为了应对这种不确定性，我们要学会从内外部搜集更多的信息。概率论给我们的启示就是学会建立数据决策模型，在不确定的世界中，为大概率事件坚持，为小概率事件预备。

定义式思维

回答一个事物是什么、不是什么的过程，是建立事物的边界、锁定事物本质特征的过程。

定义式思维，本质上是在回答一个事物是什么、不是什么的过程，是建立事物的边界、锁定事物本质特征的过程。在现实中，会出现这样一种普遍的情形，有很多人说不清楚他们在做什么。更令人头疼之处，便是很多人还没有意识到这一点的重要性。

一个领导者无法严谨、简明、清晰地将业务目标表达清楚，执行团队便无法将之付诸行动，团队的百般努力可能付之东流，问题出在一项被管理者忽视的基本功：定义。

比如大学里学数学分析，老师不会一上来就教你微积分怎么算，而是要先搞懂：微积分为什么存在，什么是可积的，什么又是不可积的。而为了搞懂这些，必须追根溯源，从"实数"的定义学起。但凡了解一点数学史就会懂得，缺乏定义多么可怕。

由无理数引发的数学危机一直延续到19世纪。毕达哥拉斯定理提出后，希帕索斯发现了一个问题：边长为1的正方形的对角线长度是多少。他发现这一长度既不能用整数表示，也不能用分数表示，这在当时的数学界掀起了一场巨大风暴。直到1872年，德国数学家戴德金从连续性的要求出发，用有理数的"分割"来定义无理数，并把实数理论建立在严格的科学基础上，这才结束了持续2000多年的数学史上第一次大危机。简而言之，少了定义，高等数学就无法以一个严谨学科的形式生根发芽，走向宏观壮阔。

当你不知道一个概念从哪里来，你绝不可能知道后续的推演往哪里去。一切源自最初的定义，基于严谨清晰的概念、寥寥几条公理，严丝合缝地推演出一个学科大厦，过程中不允许存在任何误差、试验，所以带来了后续一切研究工作的坚实明确感——这是一门一砖一瓦砌出来的学科，每一句话，当它完成的那一刻，它就永远被完成了。即便复杂如高等数学体系，当你从定义开始看，便不会觉得高深莫测。

定义式思维可以极大提升工作效率。老师一堂课上完，有时看似教了很多知识，但是孩子掌握得却很少。其中原因之一可能是你一开始就没有定义清楚你的教学目标，所以重点不突出，无法深层次讲述。

定义式思维，其实也是领导力的直接体现。大家可以试着训练自己的定义式思维：每当你遇到任何一个人、一件事，每当你开启一段表达，试着问自己：你定义清楚了吗？如果你觉得它在对方看来难以消化，可能是你的定义功课没有完成。或许受制于中国文化数千年来传承下来的"中庸之道""意在言外"，很多人表达的时候，不习惯于"给一个定义"，总是绕来绕去，放在工作上，这是对彼此协作的一大障碍。正因如此，需要常自省，常训练。开启任何一项复杂任务时，你要做的第一件事便是定义它。

量级思维

> 深度思考一件事情，就是可以站在更大的数量级、更高的高度去看全局，而不是让自己身陷囹圄，无法抽身而退。

在介绍"量级"之前，先说一个近似的概念——数量级。数量级每差出一级，数据相差十倍左右，比如我们说的个、十、百、千、万，就是数量级的差别。说完了数量级，再说量级。量级就是比数量级还要大的概念。我们可以用一个比喻来解释，量级，简单地说就是芝麻、橘子、西瓜、大象、大山、地球、太阳、银河系这样大的差别。接着，可以把量级的概念引入职场。一个人在公司的成就，可以用下面这个简单的公式概括：成就＝成功率×事情的量级×做事的速度。

在职场上，如果一个人能够脚踏实地，工作一段时间之后，做事情的成功率和效率都会提高。这是大部分人都能做到的事情。但大部分人不太能做到的，就是提高事情的量级。这件事很难，不是完成几个重要的任务就行，而是需要你不断学习，转变自己的角色。

我们举一个例子。这个例子是关于一位美国天使投资人的。这位投资人曾经投资了领英公司，按理说应该很成功了，但是他做了很多年投资人，如今很少有人知道他。原因是他直到今天每个项目的投资规模依然在10万美元左右。虽然他投资领英的回报率在200％，从比例上看不低，但由于投资规模小，分到手上的利润非常少。在硅谷像他这样的早期投资人非常多，即使投资成功，也不过是蝇头小利。相比他们，真正有成就的投资人，投资规模都是大幅度地往上涨，实现了极大的财富跨越。关于怎样提升量级，我们可以得出两个经验：第一是要记住工程上量级的概念多么重要，不同量级的差距是巨大的，而且越到后面差距越大。第二是要改变习惯。比如，投资人不要老想着自己的第一次投资，而要想着如何做出最大规模的投资。产品经理也是一样，不要老想省1％的成本，要想怎么能让用户为你的产品多花一倍的钱。

要想拥有量级思维，需要改变我们习以为常的思维习惯。大多数人不愿意思考，更别说是深度思考。深度思考一件事情，就是可以站在更大的数量级、更高的高度去看全局，而不是让自己身陷囹圄，无法抽身而退。

《精英日课》中所讲的"立功"思维有助于我们建立"量级"思维。"要做真正重要的重大事件的'立功'思维，而不要局限于每天忙忙碌碌的假努力式的'混日子'思维。""立功"思维类似于"量级"思维，而混日子思维类似于"数量级"思维，前者是乘法的指数级思维，而后者只是加法的累计，很难有质的飞跃。

拥有量级思维，在工作中，在职场中寻求大的突破，也许一开始的进步比较微小，但从长远来看，进步是巨大的，也就是由量变走向了质变。

编程思维

学会使用编程思维来解决问题，会让你的生活和工作更高效。

　　卡耐基梅隆大学计算机的一名华裔教授提出了"编程思维"这个概念。他定义编程思维是"能够把现实生活中的复杂问题，逐步拆分成可理解的小问题"。微软创始人盖茨说过："应该让孩子们从小就学习编程，这与学习语言一样重要，它能培养孩子们的创新性新方法，学习解决问题的技能。"整个社会已经逐渐迈入人工智能时代，人工智能时代是一个以计算机科学为基础的时代，其核心则是编程思维。

　　编程思维有以下几个要点：第一，分解思维。分解思维是将一个大问题拆解成许多小的部分。这些小部分更容易理解，让问题更加容易解决。第二，抽象思维。抽象化是关注关键信息，忽略不必要细节的过程。第三，模式识别。模式识别是识别不同问题中的模式和趋势（共同点）的过程。你能从以往的经验中得到规律并且举一反三将它运用到其他问题中。当我们看到一幢房子，看到的是可能只是外观和设计。但在建筑师的眼中，他可以通过自己的经验，抽象出房子里面的构造，也就是我们说的"内行看门道"。会编程的人，往往能透过一个应用表象，看到背后实现的步骤。第四，算法。算法是一步步解决问题的过程。当你准备去学校，系好了鞋带，背上书包，其实这就是日常生活中的流程建设了。

编程思维能培养我们五个方面的能力：策划构思能力、逻辑分析能力、模式识别能力、问题分解能力、测试纠错能力。可以这么说，不管你从事什么，编程思维都能让你更容易成为处理问题的高手。有些问题，乍眼看觉得非常复杂。但我们可以把大问题分解成小问题，一个一个地理解和解决。譬如我们都知道宇宙浩瀚无穷，根据现有的知识，我们可能永远都无法完全理解到底多浩瀚。准确地说，宇宙是我们知道的最大的事物。但是，如果将宇宙分解成众多较小的部分，比如说先分成银河系，然后再分为太阳系，再进一步分为恒星和行星。这样，我们就能理解这些小的部分是如何构成了较大的整体。

编程其实就像是用砖头砌房子，一栋完整的房子看似复杂，但是你明白了砌房子的流程，那你只需要把每一块砖头砌好，完成之后呈现的就是完整的房子了。编程思维教给我们最重要的能力，就是把复杂任务分解到简单并可以执行的小目标的能力。在工作中，遇到一个大目标时，往往会一下懵掉，不知从何下手。如果将它拆解成一个个可执行的小目标，大目标的实现也就指日可待。

假说思考思维

思考问题可能的答案，并用时间来论证。

所谓假说，顾名思义就是"假设的说法"，从企业管理来说，是"未经证明而最接近答案的解答"。说是解答，其实严格来说有时是指解决方案，有时则是指问题。假说，又称假设，是指人们对某种现象、事件做出的暂时性的解释或结论。而"假说思考"则是指从暂时的解释或结论出发，界定并解决问题的方法。在曾被评为"全球最有影响力的25位咨询顾问之一"的内田先生看来，对一个商业人士而言，假说思考能力比分析能力更为重要。

在职场中，我们经常得从"确认究竟什么是问题所在"做起。这个问题设定的步骤一旦出错，就算所提出的解答再怎么精辟，仍然无法解决问题。工作进行的方式，最重要的是以答案为起点。意思是先提出答案，然后通过分析加以证明。而不是将问题点分析过后，才得到答案。如果我们后天能培养假说思考方法，解决问题的速度能大幅提高。经验告诉我们，以假说为基础的具体行动，是以最短时间有效达成目标的方法。具体来说，建立假说让该做什么事情变得一清二楚，更能深入思考自己的论点。换句话说，我们之所以能高效工作，是出于对工作进行方式的了解。

普鲁士军事理论家克劳塞维茨在他的书中对于不确定环境之下组织领导人应有的作为做了阐述。他说："如果想要以精神战胜无法预料的状况，并且在绵延不断的战事中获胜，必须拥有两大特质：一是身处黑暗之中仍保有一线光明，持续探究真相的知性；二是朝此一线曙光向前迈进的勇气。"这两种特质如果换个说法，就是前瞻力、决断力与执行力。这三大能力当中，前瞻力和决断力两者，与假说思考密切相关。换句话说，必须培养即使状况不明，依然能够前瞻未来、做出决策的习惯。

职业棋士羽生善治是公认的天才棋士，如果他投身商业领域，也极可能会大放异彩。那是因为羽生善治是个善于假说思考的人。羽生善治认为下棋首重决断力，也就是决策能力。尽管决策必然伴随风险，还是要以"见招拆招"的态度果决落子。每一个当下，赖以决策的根据就是假说思考。

为何需要假说思考？假说思考，是指以答案为起点的思考模式，也可说是在最短时间内找出最适解的方法。这会让解决问题的速度倍增。我们在工作上，每天都得面对林林总总的问题。解决问题的当下，要彻底清查所有可能原因，并一一拟出对策。当解决问题的时间受到限制时，若只顾一而再、再而三地收集信息，结果往往在未能达成成果的情况下，就已面临最后期限。预先将答案缩小范围，即建立假说的重要性由此可见一斑。

平台思维

平台思维是一种相互合作、资源共享、平等沟通的思维范式。

　　平台思维是互联、互通、互动的网状思维，是开放的、创新的思维，是一种重要的思维方式和工作方式。我们开一个会、办一次会展、弄一个论坛或研讨，都是在搭建一个平台。通过这个平台，可以把信息、人才、技术、资本、人脉等优质资源都聚集、整合起来，然后深度挖掘，既能开阔我们的视野和思路，又能使资源之间发生关系和互动，实现价值倍增。

　　如果我们不搭建一个平台，各种要素之间就不会发生关系，不发生关系就不会发生交互，交互不了，资源就整合不起来，形不成互动关系。所以，平台思维实质上就是充分利用市场机制来整合资源。华为公司的战略，就是做最基础的平台。"平台是指连接两个以上的特定群体，为他们提供互动交流机制，满足所有群体的需求，并从中赢利的商业模式。"

　　马歇尔的《平台革命》一书中提到平台的首要目标是："匹配用户，通过商品、服务或社会货币的交换为所有参与者创造价值。"而平台的产品及运营的工作是：为平台双边用户提供工具和制定规则，让价值交换变得容易。我们可以利用平台画布的方式去具体分析一款平台型产品的架构，即便你目前的工作不涉及产品的方方面面，也能清晰了解自己的岗位在整个平台体系中所处的地位和价值。

平台思维，要求我们构建一个商业模型的时候，用平台化的方式去构建。我们只做核心的部分，非核心的部分外包出去，比如说销售的部分、技术的部分、产品的部分。通过平台化的公司运作和利益的绑定来把你不擅长的外包出去，做好、做大你擅长的部分。这就是平台化的思维模式。

平台化思维能够帮助你快速扩大规模，减少投资，融入更多的资源，快速把你的事业做大。你可以聚焦你所擅长的领域，在你所擅长的领域形成强大的"护城河"和核心竞争力并持续加强，这就是为什么互联网行业要做平台。

做平台的公司，市场价值很大，有些甚至无法估量。比如淘宝，它只是一个平台，把买家和卖家进行整合。再比如滴滴，既不生产出租车，也不生产客户。它只是在出租车和乘客之间建立一个平台。实际上这些平台都有一个共同的点，就是只做人与人之间的连接器，只做这一块，并把它做好做强。

平台思维是一种相互合作、资源共享、平等沟通的思维范式。有了平台思维后，人想的不仅是局部观念，还能站在新的角度去看待问题。好的平台可以帮助和成就一个人，个人能为平台增光添彩，是共赢的关系。

意志力消耗思维

意志力是一种"通用资源"，保存你的意志力。

"意志力"是心理学中的一个概念，指一个人自觉地确定目的，并根据目的来支配、调节自己的行动，克服各种困难，从而实现目的。意志力，体现了一种强烈的目的性，为了实现目的，我们与内心深处出现的各种想法作斗争。意志力是一种极为宝贵的资源，千万不要随意浪费和消耗。

譬如我们知道要锻炼身体，却不知道每天的运动量、时间和饮食应该如何相辅相成。这种缺乏计划和量化指标的行动，往往不到两三天，就可以把你宝贵的意志力消耗殆尽了。为什么？因为你就像一只无头的苍蝇，四处乱转，一碰到墙就泄了气。罗伊·F.鲍麦斯特在1998年和他的同事一起发表了两篇重要的心理学研究论文，他们提出，从事需要自我控制的任务将导致意志力资源枯竭，并降低后续自我控制任务的绩效。自我控制能力下降的状态被称为"自我损耗"。罗伊·F.鲍麦斯特及其同事让参与者从事两项连续任务：对于随机分配给实验组的参与者，这两项任务都需要自我控制；对于分配给对照组的参与者，只有第二个任务需要自我控制，而第一个任务不需要任何或很少的自我控制。实验结果发现，实验组的第二个任务的坚持时间远不如对照组，也就是说，第一个任务的自我控制消耗了人们的意志力，导致在第二个任务的自我控制变差。

需要明确的一点是人的意志力并不是取之不尽、用之不竭的，它是一种有限的、容易消耗的"心理资源"。人们在抵御外界诱惑的时候，就会消耗一定的意志力。在日常生活中，一个人如果忙于学习或工作，就需要抵御玩耍、休息等诱惑。在这种情况下，意志力的存量就会越来越少，以至于这个人难以通过坚持锻炼、控制饮食等方式保持身材，甚至难以坚持每天刷牙、洗脸等，从而会显得不重视自我形象。大家可以通过设定合理的目标，养成良好的习惯，进行"刻意练习"等方法提高意志力。

一个保存意志力的好方法，就是明确、量化你的目标，合理调节，根据意志力损耗规律，培养一些好习惯。研究发现，每天上午十点半之前做完一天中最重要的三件事，能够有效提高人的自我管理能力。意志力是一种"通用资源"，也就是说，通过某件事情得到提高的意志力，可以用在其他事情上。因此，大家可以利用日常小事提高意志力，比如对于习惯用右手的人来说，可以有意识地使用左手。

大道至简思维

> 剔除杂念，专心致志，整合创新，跳出原来的框框，去粗取精，融合成少而精的东西。

大道至简，万事万物的复杂变化都是在自然规律之下进行的，"人法地，地法天，天法道，道法自然"。从古至今，人类都在不断追寻人生大道，不论是儒释道的伟大圣人的经典著作，还是文化发展至今的三大宗教思想，都是在寻找人与天之间连通的一条线，也就是所谓的"天人合一"，从而找出改变人思想精神以及生命的真正方法。

万物之始，大道至简，衍化至繁。"大道至简"指的是万物的基本原理、方法和规律是极其简单的，简单到一两句话就能说明白，越是复杂的问题就越能有简单的解决办法。

道在中国哲学中是一个重要的概念，表示"终极真理"。大道至简的另一方面是博大精深，博大精深指广博和高深，多用来指思想、学术理论、学识、作品等。一门技术和一门学问，其实质和精髓都是简单的、容易理解的。

奥卡姆是14世纪英格兰逻辑学家，他提出了一个著名原理，叫"奥卡姆剃刀原理"。他认为："把简单的事情变复杂很容易，把复杂的事情变简单却很难，一切空洞无物的累赘都应该被剔除。"他所主张的"思维经济原则"，概括起来就是"如无必要，勿增实体"。老子的"大道至简"和奥卡姆的剃刀原理都说明了简单性原则的重要性，这更是在当今这个全新的商业时代获得成功的根本法则之一。

在跆拳道运动中有个最基本的常识：如果没有特别的禀赋，业余选手是打不过专业选手的，而且这与训练的时间长短无关。究其原因，业余选手的训练时间虽然长，但他们练习的多是多余且无用的招数，能有效取得胜利的招数少，而对专业选手来说，虽然练的招数少，却招招得以制胜。然而，并不是所有的专业选手都是顶尖高手，真正的顶尖高手会对这项运动进行全面深入的研究，直至发现对手的薄弱之处，从而研究出一招制敌的招数。为了实现一招制敌，顶尖高手更懂得取舍。只针对这简简单单的一招，投入大量的时间，以高标准高要求反复练习。并且他们高度集中自己的注意力，不断地剔除其他空乏无效的招数，只练制胜招数，直到将这一招练到速度极快，力度极大，精准度也极高。一旦对手被击中，可能几乎都无法再投入战斗。

大道至简，世界得以运行和发展，经久不衰，从包罗万象的宇宙中抽离出来的、支撑世界运行的也一定是最为简单的道理和规则。对于个人来说，剔除杂念，专心致志，整合创新，跳出原来的框框，去粗取精，抓住要害和根本，剔除那些无效的、可有可无的、非本质的东西，融合成少而精的东西，便是"大道至简"的精髓所在。

黄金圈思维

只有那些从"为什么"这个圈出发的人，才有能力激励周围的人，或者找到能够激励他们的人。

黄金圈思维是一种帮助我们透过问题的表象看到实质的思维方式。黄金圈，指的是把看问题的方式分为三个层面——是什么、为什么和怎么办，分别对应的是现象成果层、目的理念层、方法措施层。大多数人对问题的认知仅仅停留在"是什么"层面，我们应该多从"为什么"层面去思考问题的本质，方能提出种种可能性。

绝大多数人思考问题的时候，是从是什么的角度出发，很少有人能够从怎么办的角度去思考问题，而站在为什么的角度思考问题的人就少之又少。我们要好好利用黄金圈法则来为我们的行为服务，多想为什么，多想做这件事情是为了什么。想清楚了，后面动力就足了，"做什么"这个问题就迎刃而解了。

西蒙·斯涅克在一次演讲中举了一个非常精彩的关于电脑行业的例子。大多数电脑生产厂商思考和表达问题都是站在"是什么"的层面，在营销时，他们大多都是说："我们生产的电脑性能非常好，使用便利，要买一台吗？"而西蒙提到，苹果公司是完全不一样的。苹果公司做营销时，传达的理念是我们做的每一件事都是为了突破和创新，我们坚信应该以不同的方式思考。我们挑战现状的方式是把我们的产品设计得十分精美，使用简单，界面友好。我们只是在这个过程中做出了最棒的电脑。那么你想买一台吗？

1963年夏天，25万人聚集在华盛顿特区聆听马丁·路德·金博士的演讲。那时既没有请柬，也没有可能在网上查看日期。怎么会有25万人参加呢？他没有大肆宣扬美国需要改变什么，只是不断告诉别人他所相信的："我相信！我相信！我相信！"他总是这么说。那些和他怀有同样信念的人受了启发，也开始将自己的信念传达给更多人。他们是为谁而去呢？他们是为他们自己而去的，那是他们所相信的信念，而不是黑人跟白人之间的斗争。

那么如何利用黄金圈思维呢？芭芭拉·奥克利的《学习之道》给出了答案，那就是组块能力。组块能力是理解并运用某种科学的能力。锻炼组块能力，有下面三步骤：第一步就是把注意力集中在需要组块的信息上；第二步是理解、练习和应用，要实现概念到应用的飞跃，唯一方法就是不断地运用概念；第三步是获取背景信息。你所看到的将不仅是局限于当前环境，而应该通过知识背景、知识历史来更好地更广泛地运用它们。所以说如何利用好黄金思维，对于现阶段来说重心是在How层面。充分掌握理论概念，熟练运用于生活中可以用到的地方。只有那些从"为什么"这个圈出发的人，才有能力激励周围的人，或者找到能够激励他们的人。

时光机思维

站在未来去看你现在的行为，然后找准时机，延伸它的价值。

　　软银的创始人孙正义有一套著名的时光机理论。他认为英国、日本和中国的IT制造行业发展程度不一样。在日本、中国的发展还不成熟时，前往比较繁荣的销售市场，如英国市场，等条件成熟后再返回日本，再涉足中国、印尼等，如此就好像坐上了时间机器，来到了几年前的英国。

　　孙正义的时光机理论是未来回望法。他投资马云，马云要两千万，他投了八千万。雅虎杨致远为两百万挣扎时，他投了一个亿。2007年iPhone面世，他去告诉乔布斯："未来的手机是电脑加手机，应该你来做。我能给你投资吗？"乔布斯说："我不缺钱。"孙正义继续游说："合作吗？那如果你做，我能跟你合作吗？我帮你卖。"乔布斯说："你连运营商都没有，怎么卖呢？好吧，既然你第一个找我，我同意。"回去之后的孙正义就收购了日本第三大运营商。现在，孙正义卖了很多阿里巴巴的股票，花了311亿美元全力投资了物联网芯片，并成立了1000亿美元的基金，只投资人工智能、机器人、物联网，并预测未来三十年，机器人的数量将超过人类的数量。

孙正义认为："成功的企业，由于环境和市场的变化，必须不断地改变和扩大自己的生产能力和生产品种。那作为投资型的企业来说，就必须随着新技术的发展，不断地迭代更新自己的投资跑道，不给自己留后路。通过超前的思维模型和强大的资金实力，提前布局，成为该跑道的第一，只能成功，不能失败。"

时光机思维基于经济发展具有不平衡性，不同国家同一事物的发展有先后顺序，比如互联网、手机。时光机思维要求人充分利用不同国家和行业发展中的不平衡，而当未来的发展趋势不再符合过去发展方向的时候，一定要及时求变，从而形成一种非连续性的发展路线。我们需要用投资的视角来运营企业。

了解了孙正义的投资人生，你会觉得他是一个从未来穿越回来的人，超前的思维和决断能力都值得我们学习。假设你有超能力，能够穿越到未来，还可以回到现在，你再来回看你所从事的行业，在未来是否占据一席之地，未来是否有生存空间。历史往往是相似的，人生虽充满了不确定性，但在某种意义上来说，每个时间点都是某种意义上的"重新开始"。你可以在任何一个时刻重启。本质上，每时每刻，你都坐在一架时光穿梭机上。站在未来去看你现在的行为，然后找准时机，延伸它的价值。

马斯洛需求层次理论思维

在完整接纳自己的过程中，相信自己，在持续相信自己的过程中欣赏自己，在欣赏自己的过程中完善自己。

亚伯拉罕·马斯洛于1943年提出了马斯洛需求层次理论，将人的需求从低到高依次分为生理需求、安全需求、社交需求、尊重需求和自我实现需求。马斯洛需求层次理论是人本主义科学的理论之一，它不仅是动机理论，同时也是一种人性论和价值论。

马斯洛认为，人类具有一些先天需求，越是低级的需求就越与动物相似，越是高级的需求就越为人类所特有。这些需求都是按照先后顺序出现的，当一个人满足了较低的需求之后，才能出现较高级的需求。另外，各种基本需要的出现一般是按照生理需求、安全需求、社交需求、尊重需求和自我实现需求的顺序，但并不一定全部都是按照这个顺序出现。

值得区分的是，需要和需求是不同的两个概念。正所谓欲望是无限多的，需要是有限的，马斯洛需求层次理论主要探讨的是人在需要方面的交集。对于领导者来说，了解员工的需要是应用需要层次论对员工进行激励的一个重要前提。不同组织、不同时期的员工以及组织中不同的员工的需要充满差异性，而且经常变化。因此，管理者应该经常性地用各种方式进行调研，弄清员工未得到满足的需要是什么，然后有针对性地进行激励，以此来提高公司活力，激发员工积极性。

举一个例子来分析怎么应用马斯洛需求层次理论。父母和孩子的关系是需要经营的，尤其是青春期的孩子，更需要深入思考如何交流。青春期孩子的最大特征是敏感和叛逆。首先我们要认清"叛逆"的本质，就是当需求无法被满足时，将不满发泄出来的一种表现方式。家长不应直接把叛逆的标签打在孩子身上，这样会强化孩子的反抗意识，把自己推到孩子的对立面。

家长这时要考虑，是否要给予孩子自由、平等、尊重，更要避免在孩子不听话时，任意发泄自己的情绪，或者用"我都是为了你好"来为自己的负面情绪开脱。同时也要认清，此时的孩子已经不受你的控制，任何企图操控孩子生活和选择的心理都是不对的，这种尝试也必将遭到失败，只会将亲子关系搞得一团糟。孩子如果没有得到充分的理解和尊重，就会把自己包裹起来。一旦孩子对父母产生防御心理，沟通就会显得步履维艰。这时要走进孩子的内心，了解他们的需求，平等对话，形成和谐的亲子关系。

人的需求从最基本的衣食住行，会慢慢上升到追求心灵上的自由与平衡。心灵上的宁静，只来自我们内心对自己的信任、尊重与肯定。即使我们有来自童年的阴影，我们也可以通过成长去改变自己，在不断了解自己的过程中接纳自己，在完整接纳自己的过程中，相信自己，在持续相信自己的过程中欣赏自己，在懂得欣赏自己的过程中完善自己。若能如此，也只有如此，我们才能收获一个越来越优秀的自己。

布利斯定理思维

事前多计划，事中少折腾。

布利斯定理由美国行为科学家艾得·布利斯提出，它的大意是：在做一件事之前，用较多的时间去做计划，完成这件事所用的总时间就会减少。布利斯定理启示我们：计划是非常重要的。如果做事之前没有计划，行动就变得盲目，甚至会出现一团乱麻的现象。只有在事前拟好详细的行动计划，梳理清楚做事的步骤，做起事来才会得心应手，才会有效率。

现实中，有一个研究结果也能证明布利斯定理的科学性。一家研究机构的研究结果表明：制定计划将极大地提高目标实现的概率。善于事前做计划的人的成功概率是从来不做事前计划的人的35倍；在成功实现目标的人群中，事先制定计划的人数高达78％；能够坚持按计划行事的人实现目标的概率是84％；中途改变计划的人实现目标的概率为16％。

为了事中少折腾，我们需要事前多计划，这样方能事后少烦恼。凡事三思而后行，事前多想一步，事中会少一点折腾，事后会少一点遗憾和后悔。生活中，有些人比较冲动，在确定一个目标后，急不可耐地开始行动，生怕错失良机。在肯定这种积极性的同时，也要认识到其中的盲目性，我们是否已经考虑清楚，是否已经有了周密的计划？

事先做计划，成功概率大。俗话说"磨刀不误砍柴工"，如果在砍柴之前花些时间把刀磨锋利，砍柴的效率会大大提高。也就是说，要把一件事做好，不一定要立即着手，而要进行一些谋划，进行可行性论证和步骤安排，做好充分准备，这样才能提高办事效率。

对于一个人来说，按计划办事不仅是一种做事的习惯，更重要的是反映了他做事的态度，这是一个人成功与否的重要因素。起跑领先一步，人生领先一大步，做计划则是成功的开始。

有时我们会面临目标过大的情况，这时就需要拆分大目标，再各个击破。一个制定计划的人目标是明确的，计划也是详细的。如果说目标是灯塔，指引着我们前进的方向，那么计划就是航线，时刻纠正着我们的行动。有了灯塔和航线的指引，我们才不会偏离前进的方向，才不会陷入迷途。

日本著名的马拉松运动员山田本一正是通过智慧而赢得了比赛的冠军。他在自传中写道："每次比赛前，我都要乘车将比赛的路线仔细勘察一遍，并把沿途比较醒目的标志画下来。比如第一个标志是一家银行，第二个标志是一棵树，第三个标志是一座公寓……这样一直到赛程终点。"在一个看似遥远的目标面前，要想避免盲目，最好的办法就是制定具体的计划，将大目标细分为小目标，再将小目标拆分成详细的实施步骤。然后在大目标的指引下，坚持不懈地向前迈进。

凡事预则立，不预则废。做一件事，只有美好的设想是远远不够的。计划可以对你的设想进行科学的分析，让你知道你的设想是否可以实现。计划可以作为你实现设想过程的指导，大大节省你的时间，减轻压力。有了好的计划，你就有了好的开始。

效率思维

很多时候，真正拉开人与人、企业与企业、国家与国家的距离的，就是效率。

效率反映在两个方面，一个是同样时间产生的价值，另一个是解决问题的能力。前者受后者影响。就像一句经典话语："用半秒钟看透事物本质和用一辈子看透事物本质的人生一定是截然不同的。"很多时候，真正拉开人与人、企业与企业、国家与国家之间的距离的，就是效率。

效率指的是你尽可能快地达成目标。高效的人，并非一天有48小时，只是他们花费精力抓了最大的那条鱼，一下子让你的无效努力黯然失色。效率思维的基本原理是解放你的大脑，让你的大脑无须在繁多的事务中频繁切换。因为切换过程中，你需要花时间来适应新任务，这将造成极大的精力浪费。同时通过一定的机制，让你的大脑得到释放，在当下可以集中精力聚焦关键业务。管理好你的精力和能量，因为你的身体和大脑的状态，决定了你的精力和能量水平，也最终决定你学习和工作的效率。化学反应有个"活化能"的概念，即使反应本身是释放能量的，仍然需要启动时的"活化能"，迈过这道坎，进境方能一日千里。如何让自己保持高能量水平呢？定期给自己充电，避免过度损耗乃至透支；定期放空自己；保持良好的睡眠；适量运动，保持身心健康。不光是运动，所有透支自己身体和精神能量的行为，都要有个度。

艾宾浩斯是一位德国心理学家，他发现人类大脑对新事物的遗忘进程是不均衡的，是有规律的。这个规律就是：在记忆的最初，人们遗忘得很快，以后逐渐变慢，等到了一定时间，几乎就不再遗忘了。也就是说，遗忘的发展关键在于，将自己的记忆输出来检验其准确度。那如何检验呢？比如学习中，我们可以向同学解释所学知识，在解释的过程中重新组织语言，逻辑清晰、有条理，进一步加深自己的记忆。此外，给同学讲题还能完成观念上的碰撞，帮自己找出薄弱点。另外，除了与他人产生互动，我们还可以和自己进行对话。对自己提问，完整复述知识点，或者在纸上写出来。回忆起破碎的关键词与真正掌握的知识相距甚远。自我检验才能反映我们的真实水平。同时，减少干扰，减缓遗忘速度，选择间隔学习而非集中学习，这些都能提高我们的学习效率。有证据表明，你在学习过程中所学到的知识，可能会在中途休息时在头脑中得到巩固。适当的暂停、间隔能帮助你进一步巩固，从而达到高效复习的目标。

在价值观正面的情况下，一个人的思维效率在很大程度上将决定这个人的人生效率。自从人类打开近代科学大门之后，人类的工作效率不再取决于传统的思维效率和体力，而取决于科学思维的能力。即使在日常的生活和工作中，提高思维的效率仍然是一个重要的课题。

六项精进思维

将六项精进思维融入自己的生活，如此周而复始，就是人生最好的修炼。

稻盛和夫被世人称为世界级管理大师，他的管理哲学涵盖了生活态度、哲学、思想、伦理观等。六项精进思维是稻盛和夫实践经验总结来的切身体会，浓缩了稻盛和夫在经营企业方面的哲学观。

第一点，无论对于什么事情，都要付出不亚于任何人的努力。要想度过更加充实的人生，就必须比别人付出更多的努力，全身心地投入工作。自然界的动植物都在为生存拼尽全力，我们人类也应如此。认真并竭尽全力地工作，这是我们做人应履行的最基本的义务。为此，首先要热爱工作，只有热爱了，才能产生"做出更好产品"的想法，自然而然地开始创意钻研。痴迷于工作，热衷于工作，并付出超出常人的努力，这种不亚于任何人的努力会给我们带来丰硕的成果；

第二点，要谦虚，不要骄傲。这与中国的古话"满招损，谦受益"有异曲同工之妙，意思是只有谦虚才能获得幸福。社会中的人常有一种错觉，好像只有那些不择手段挤垮他人，即所谓的强硬派才会取得成功，但事实绝非如此。成功的人是那些内心具备燃烧般的激情和斗志，并能做到谦虚内敛的人。在生活中具备谦虚的态度是十分重要的。但是，即使是这样的人，在取得成功、获得较高的地位之后，也常常会失去谦虚的品质，变得傲慢起来。有些人在年轻时谦虚努力，但随着时间的流逝不知不觉地变得骄傲，甚至误入歧途。在人生前进的路上，将"要谦虚，不要骄傲"深深地刻在自己的内心，这是非常重要的；

第三点，要每天反省。我们要养成在每一天结束的时候，对这一天进行回顾和反省的习惯。回顾自己一天的言行，是否符合做人做事的原则。如果自己的行动或言语当中有值得反省之处，就必须加以改正。每天进行反省可以促进我们人格的完善、人性的提升，因为每天的反省可以抑制自己的邪恶之心，让良心更多地占据我们的心灵。能够不断进步的人是那些"每天进行反省"的人；

第四点，活着，就要感谢。人是要有感恩之心的。人无法独自生存，每个人不仅需要空气、水、食物等大自然的恩惠，还离不开亲人、同事和社会的支持。我们能够生存下去，正是因为有了所有这些环境因素的支撑。只要这样想，就自然会萌生出感谢之心。虽然，当我们不断遭遇不幸或疾病的时候，即便别人说"要懂得感谢"我们也很难做到，但是我们还是要对"活着"表示感谢，这是非常重要的。因为产生了感谢之心，就可以自然地感受到幸福。感谢生命，感受幸福，可以使人生变得更加丰富、更加顺利；

第五点，积善行，思利他。中国的古人说的"积善之家有余庆"，这就是说多做善事的家庭就会有好报。如果思善行善，你的人生就会朝着好的方向转变，事业也会朝着好的方向发展。善，就是指待人亲切、正直、诚实、谦虚等，这也是做人应有的最基本的价值观。就像古话"好人有好报"说的那样，积善行可以使我们自己的人生更美好；

第六点，不要有感性的烦恼。人生中，每个人都会失败、犯错。但是，由于我们都是在不断失败的过程中成长起来的，所以即使失败也没有必要沉浸于悔恨之中。有句话叫"覆水难收"，意思是一旦泼出去的水是无法收回的。所以，无休止地为已经发生的事情悔恨、烦恼是毫无意义的。这甚至会引发心理疾病，给自己的人生带来不幸。对已经发生的问题，要用理性加以思考，并付诸新的行动，这样就能够开创人生的新局面。

人与人之间的差距，更多的在于思维，想让自己的人生更进一步，就要主动学习更多更有效的实用知识。在稻盛和夫看来，"六项精进"是搞好企业经营所必需的最基本条件，也是度过美好人生必须遵守的最基本条件。如果人们能够日复一日地持续实践这"六项精进"，人生必将更加美好，美好的程度甚至超乎自己的想象。

将六项精进思维融入自己的生活，如此周而复始，就是人生最好的修炼。

创造性思维

读万卷书，行万里路，为自己的灵感乍现打下坚实的基础，
同时发散思维，做出创造性的作品。

创造性思维，是一种具有开创意义的思维活动，即开拓人类
认识新领域、开创人类认识新成果的思维活动。创造性思维是以
感知、记忆、思考、联想、理解等能力为基础，以综合性、探索
性和求新性为特征的高级心理活动，需要人们付出艰苦的脑力劳
动。一项创造性思维成果往往要经过长期的探索、刻苦的钻研，
甚至多次的挫折才能取得，而创造性思维能力也要经过长期的知
识积累、素质磨砺才能具备。至于创造性思维的过程，则离不开
繁多的推理、想象、联想、直觉等思维活动。

创造性思维的本质是发散性思维。这种思维方式让我们遇到
问题时，能从多角度、多侧面、多层次、多结构去思考，去寻找
答案，既不受现有知识的限制，也不受传统方法的束缚。其思维
路线是开放性、扩散性的。它解决问题的方法更不是单一的，而
是在多种方案、多种途径中去探索、选择。

创造性思维具有广阔性、深刻性、独特性、批判性、敏捷性
和灵活性等特点，是在一般思维的基础上发展起来的，它是后

天培养与训练的结果。因此，我们可以运用心理上的"自我调解"，有意识地从几个方面培养自己的创造性思维，譬如随时展开自己"幻想"的翅膀，培养发散思维，发展直觉思维，培养思维的流畅性、灵活性和独创性，同时也培养强烈的求知欲。

古希腊哲学家柏拉图和亚里士多德都说过，哲学的起源乃是人类对自然界和人类自己所有存在的惊奇。他们认为积极的创造性思维，往往是在人们感到"惊奇"时，在情感上燃烧起对这个问题追根究底的、强烈的探索兴趣时开始的。灵感是创造性思维的核心，灵感是思考者从生活中长期观察思考积累下，瞬间萌发的自我无法控制的心理过程。

在日本东京有一家专卖手帕的"夫妻老店"。由于超级市场的手帕品种多，花色新，他们竞争不赢，生意日趋冷淡。一天，丈夫坐在小店里注视着过往行人，突然灵感乍现："手帕上可以印花、印鸟、印水，为什么不能印上导游图呢？一物二用，一定会受游客们的青睐！"于是，这对老夫妻立即向厂家订制了一批印有东京交通图及有关风景区导游的手帕。这个点子果然灵验，手帕销路大开。这个手帕跳出了传统的审视习惯，首先让人感觉到惊奇，其次消费者考虑到手帕的使用价值和纪念价值后，购买欲必定很高。

又如某老板在国道边开了一个饭店，但开业以后非常不景气，眼看着众多车辆疾驰而去，却很少有人光顾饭店，他开始思考为什么自己物美价廉的经营却不能招徕顾客。后来他换了一个思路，在饭店旁建了一个很好的厕所，并做了一个醒目的标志。这样，许多司机为了方便而停下车，同时也就光顾了饭店。

粉丝思维

你可以成为自己，成为一个强大的自己，并且极有可能，你也能创造和偶像一样的成就。

粉丝可以算得上是一种文化移植现象。粉丝是个人品牌的推手，增强粉丝黏性，经营好粉丝文化，品牌会走得更远。工业经济时代，得渠道者得天下；移动互联网时代，得粉丝者得天下。粉丝思维就是领头羊思维，庞大的粉丝基础就是生产力。如果你拥有粉丝，就拥有了个人品牌的忠实信徒，拥有了个人品牌的传播者和捍卫者。同时，粉丝是一群认同你的价值观、认同你的品牌、认同你的产品甚至捍卫你的声誉和影响力的一群人。

很显然，粉丝是不同于客户和用户的，客户和用户远没有粉丝的忠诚度高。如果说工业经济时代我们提出了客户思维的话，那么传统互联网时代，我们讲的是用户思维；而在移动互联网时代，我们则应该突出粉丝思维。粉丝一旦认定了你的价值观和理念，就会一直拥护你，自愿跟着所认同的品牌走。所以要想让别人成为你的粉丝，就必须影响他们的思想，靠小恩小惠和兴趣都没办法做到，只有用你的卓越人格、先进理念、价值观影响他们，并最终使他们认同你的价值观。

商业活动中，粉丝的力量是怎么体现呢？美团于2018年9月在香港上市，在美团上市之前，美团进行了一次收购，花了37亿美金买下摩拜单车，在2019年1月23号更名为美团单车。在美团上市之前为什么要全资收购摩拜呢？我们可以看看美团在香港上市以后的市值，美团上市以后市值达到4000亿，远远超过了小米和京东。这是很多人不能理解的地方，为什么美团的市值要比这两家公司要高呢？最关键的因素就是美团有大量的实体用户和粉丝，即摩拜的会员植入。

有了流量、有了信任度，成交就是自然的事情。这就是粉丝思维，把几百个群友当成是几百个人去看待，而不是一个数字或流量。那些能成为偶像的人，应该是一个高尚的人，一个纯粹的人，一个具有建设性的人，一个脱离了低级趣味的人，一个没有攻击性、破坏性、暴力性的人，一个有着积极态度和积极价值观的人。总之，偶像是一个正能量的存在，是一个有益于粉丝更好地生存和发展的、互相影响着对方朝更好的方向走的人。偶像就像前方的灯塔、大海里的航行器、夜空中最亮的那颗星一样，把人性的光芒撒播给大众。

凯文·凯利曾写了一篇《一千个铁杆粉丝》的文章。这篇文章的意义并不在于论证有多么严密，作者在原文中也强调1000只是一个虚数而已，更重要的是文章以简洁的语言告诉普通人——你不必成为遥不可及的超级明星，只需要比你想象中少得多的铁杆粉丝，你就能很好地生存。可以用一句话总结一下他的理论：成功就是让1000个人极度地开心，极度地满意。当你把偶像的行为和成功经验变成自己的一种习惯的时候，即使不能像偶像一样优秀，但是，你可以成为自己，成为一个强大的自己。

移植思维

身处智能时代，为了避免被突如其来的变化淘汰，你必须拥有移植思维。

所谓的移植思维，换句话说，就是可迁移能力。有人说，身处智能时代，为了避免被突如其来的变化淘汰，你必须拥有一种移植思维。移植思维体现了人的可迁移能力。何为可迁移能力呢？打个比方，就是你从一个岗位转到另一个岗位，或从一个行业跨到另一个行业后可以复用的能力。研究表明，在我们所从事的行业中，有80%的核心能力本质上是相通的。

要培养移植思维和可迁移能力，你就要想清楚三个问题：

第一个问题，你所属行业的价值链是什么。尼古拉·特斯拉想设计一款以电力驱动的车，经过反复设计、计算和实验，认为电动车是无法制造的，即使生产出来，也将会是天价。于是现有的绝大多数汽车，都是采用化石燃料作为能源驱动的。马斯克没有被前人的结论所束缚，也没有单纯参考现有燃油动力汽车，而是追本溯源，明确现有各种汽车部件、电池性能和价格等出发点，目的是生产出接近或低于现有汽车制造成本的电动车。通过一系列设计和计算，特别是具体的实验，终于让特斯拉电动车诞生并席卷全球。马斯克在创建商业级航天服务的时候，同样运用第一性原理思维重新客观地计算了宇宙飞船的造价，改造其中涉及制造运营中的环节，不同于官方航天产业，创新地提出解决方案，并应用到实际生产制造中，创造了全新的业态和巨大的发展潜力；

第二个问题，你在这个链条上处于什么位置。当你真正选择从事一个行业的时候，首先要分析好这个行业所提供的核心价值是什么；其次还要尽可能向这个核心价值靠拢，掌握必备能力；

第三个问题，这条价值链需要你拥有什么能力。当我们涉足一个行业的时候，一定要跳出自己岗位所赋予的角色，站在全局的层面审视一下自己的位置。每个行业中都存在一种或几种"黑暗能力"，它会让你在未来产生巨大势能，并爆发出巨大能量。除此之外，身处在这个智能时代，无论你从事的工作是什么，你都要不断培养自己的两种嗅觉，即把握需求的能力和将需求产品化的能力。

曾有人问作家蔡澜如何走出舒适区。蔡澜反问："为什么要走出舒适区？"问的人说："大家不都这么说吗？待在舒适区里，早晚会被社会所抛弃。"蔡澜听后一笑，淡淡地说："把自己已经取得成绩和生活习惯妖魔化，真的是这个时代的悲哀。"有时人云亦云，盲目地要跳出舒适区，"跳出"多半是"跳坑"。如果对未来不够确定，不能得到肯定的答案，那么待在当下的舒适圈进行精作细作，将核心能力与行业所需进行精准匹配就是最好的选择。因为无论工作怎么变化，总有一些能力是相通并且适用的，譬如沟通能力、产品思维、融会贯通能力等。我们能做的就是将这一部分能力不断精进，以保能够迁移到不同的场合，从而从容应对各种挑战。

图像化思维

让思维可视化，是既能训练我们的图像化思维又能促进理解的好方法。

如何更高效地使用大脑？其中一点是运用图像化思维。

大脑的前额叶类似电脑的内存，其空间有限。就像提供一张纸，如果在上面写满字，能够携带的信息有限，但如果在上面作画，那么信息量大大增加。因此，使用图像化思维，先在头脑里形成一幅画面，再用语言进行描述，这样比单纯背稿子丰富得多，还可以减少遗漏。输入时，将文字要表达的含义在大脑中勾勒出一幅图像，这样可以更加高效地利用大脑，不至于看过后就忘记。延伸来讲，如果想让对方更好地理解和记忆你想表达的意思，表述时可以采用更有画面感的方式，比如讲个身临其境的故事，给对方代入感。

诺贝尔生理学和医学奖获得者斯佩里博士通过著名的割裂脑实验证实了"左右脑分工理论"。斯佩里认为右脑具有超高速信息处理能力以及超高速大量记忆功能，如速读、记忆力。右脑不需要很多能量就可以高速计算复杂的数学题，进行独创性的构想、神奇联想和瞬间高速信息处理，可以高速记忆、高质量记忆。而且，信息图像化有助于变为长时记忆，并在右脑中永久储存，否则容易成为暂时储存在左脑的短时记忆，被迅速遗忘。

"世界记忆力之父"、思维导图发明者托尼·博赞的记忆方法，就是模仿右脑处理信息的原理，通过图像来描绘信息内容，将五官的感受图像化，从而达到更有效的记忆。叶瑞财博士用这种方法，在六个月内记忆了1774页的《牛津高阶英汉字典》，被誉为"活字典"。让思维可视化，是既能训练我们的图像化思维又能促进理解的好方法。

哈佛大学教育研究院开发了一个进行了50多年的研究项目，叫作"零点计划"，大名鼎鼎的多元智能理论就属于这个项目的成果之一。其中一个重要项目，就是让思维可视化。因为思考的过程是不可见的，让思维可视，可以让我们知道参与的人理解了多少，以及他们是怎么理解的。研究还发现，那些习惯用画图等方式将思维可视化，把各种关系展现出来进一步拓展、延伸思考，最后在大脑中形成清晰思路的孩子，学得比其他孩子更快、理解得更深入。

不管是对于孩子还是成人，图像化思维都是一种有效的学习和记忆方法。图形化思维的读书方法，强调笔记的重要性，我们对书本的理解、我们在读书时的思考、我们的疑虑、我们的思索以及我们想在书中追求的真理。

心流模型思维

心流状态，是我们能够在工作中达到的最美好、最平和的状态。

"心流状态"是指我们在做某些事情时，那种全神贯注、投入忘我的状态。在这种状态下，你甚至感觉不到时间的存在。在事情完成后，我们会有一种充满能量且非常满足的感受。

1961年，美国心理学家米哈里想为真正的快乐做一个定义，他提出"全神沉浸的心流"。他认为心流是人们全身心投入某事的一种心理状态，如艺术家在创作时。人们处于这种情景时，往往不愿被打扰，即抗拒中断。当一个人将精神力完全投注在某种活动上，就会拥有某种心流，同时会有高度的兴奋及充实感。

米哈里进行了大量的采访，问有什么事情能让人们进入心流状态。根据这些人的回复，米哈里总结出了七个共同点，创建"心流模型"，这七点分别是：第一，专注。这是心流模型的本质；第二，忠于内心的选择。你着手在做的这件事情是你忠于自己内心的选择，而不是被逼着去做的；第三，挑战性刚刚好。挑战难度不宜过大，也不宜过小；第四，具有明确的达成目标指向；第五，即时反馈。很多人之所以会在游戏中进入心流状态；

就是因为得到了即时反馈。你每打完一盘游戏，系统都会给你反馈，让你知道自己是赢还是输、升级还是降级，这都会成为你继续玩这个游戏的重大动力；第六，在从事活动时我们的忧虑感消失；第七，主观的时间感改变，专注于某事而感觉不到时间的消逝。

艺术家、运动员都说，当他们沉浸于让人筋疲力尽的工作时，是他们最快乐的时候，这也颠覆了放松才能快乐的想法。这个心流模型对我们有什么用呢？首先对照我们每天要做的事情或要完成的工作，寻找无法进入心流模式的原因是什么。如果是因为反馈不够及时，无法找到进度，可以进行人为的设定。其次检查自己的能力范围，确保自己不是总在舒适区，有意识地提升某方面的能力。

心流状态，是我们能够在工作中达到的最美好、最平和的状态。一种心流状态又会产生新的心流状态。成功的人，能够成功地将他们的一生，变成一种单纯的心流状态。他们在生命中各个部分紧紧地连接到了一起，所有活动都有了意义。

5why思维和5so思维

用5why思维向前追溯原因，用5so思维向后追求结果，探清事物的前因后果。

5why思维是一种追问方式，通过这种方式可以了解到事物或者现象的本质原因，连续追问结果、探求未来可能的影响。具体而言，也就是对一个问题点连续以5个"为什么"来进行自问，以追究其根本原因。这种方法最初是由丰田佐吉提出的，后来，丰田汽车公司在发展完善其制造方法学的过程之中也采用了这一方法。

5why的精髓简单来说就是多问几次为什么，通过反复的提问来解决问题。避开主观或字符的假设和逻辑陷阱，从结果着手，沿着因果关系链条，顺藤摸瓜，穿越不同的抽象层面，直到找出原有问题的根本原因。

与5why相对应的是另外一个深度思维的方式——5so思维。5so思维是指对一个现象连续追问其产生的结果，以探求它对未来可能造成的深远影响。简单来说，5so思维意思就是："所以呢？""那又怎样？""会产生什么影响？"

5why思维是向前追溯原因，5so思维是向后追寻结果。两种思维方法与事实现象组成了深度的逻辑思维完整链条。用5why思维能够找到事物的本质，找到根本原因就可以停止了。用5so思维是思考事情的发展趋势或结果，没有一个最终的目的地，你可以不停思考下去。5so思维法和5why思维法一样，"5"在这里只是一个虚指，它可以是5个，也可以是4个或更少，还可以是6个或更多。

思考的深度完全由你的知识和经验决定，因此我们还要探究一下知识与思维的关系。思维很重要，知识也很重要，知识是思维的养料，没有知识的思维容易变成空谈，而没有思维的知识也会变得呆板而缺乏爆发力、创造力。思维是由思维技术、思维格局、思维方法组成的。每一项的组成都必须有知识为基础，是若干个知识点把思维串联起来，形成完整的链条。思维的延伸也有知识的支撑，没有知识无法触及事情的本质原因，更无法求到结果。

罗森塔尔是美国知名心理学家，1968年他做过一个著名的实验。在一所小学里，从一到六年级各选出三个班的儿童，煞有介事地进行了"预测未来发展的测验"，然后将其认为有"优异发展可能"的学生名单通知给了教师。八个月后，当罗森塔尔和助手再次来到这个学校时，发现名单上的学生成绩普遍提高了，教师也给了他们良好的品行评语。其实这个名单并不是根据什么测试结果确定出来的，而是罗森塔尔随机抽取的。实验取得了奇迹般的效果，人们把这种通过教师对学生心理的潜移默化的影响，从而使学生取得教师所期望的进步现象，就称为"罗森塔尔效应"。

我们可以用5why思维向前追溯：为什么会出现这样的现象？

学生学习的兴趣取决于哪些方面？老师对学生的喜爱程度会影响学生的学习成绩吗？到底能够激发学生学习欲望的方法是什么？

我们也可以用5so思维向后追寻：教师对学生的喜爱或是期望对学生有多么的重要？教师对学生的不良态度会产生什么样的后果？教师在教学中到底应该以什么样的态度面对孩子？由此现象我们应该怎样校正教师的工作？

孔子说："学而不思则罔，思而不学则殆。"学习一定的知识，可以促进深度思维，经常使用深度思维，可以获得一定的知识和经验的积累。这是"学"和"思"的"why"和"so"。

框架思维

框架思维是想与做的辩证法，想法是抽象的，行动是具体的。

什么是框架思维呢？框架是我们处理信息的认知结构，运用什么样的框架处理信息，会影响到我们对信息的处理结果，对事物价值的判断和态度，还有行为反应。所产生的这种影响，被称为框架效果。

当你学习了一个新知识时，不光要理解，还要知道这个知识和你已经知道的知识之间有什么联系。你需要在你的头脑中有一个完整的思维框架，把你学到的知识不断填充到你原来的思维框架里面。框架化思维是你的核心竞争力，源于你如何分析问题。

解决问题的步骤，大体上是三步，分别是发现问题、分析问题、解决问题。其中，分析问题的框架有两个来源，一是直接选用现成的框架；二是自己构建框架。对于经验不足、能力一般的普通人来说，在分析问题时，最好的方式就是选用合适的框架。它分为两个步骤：第一步，直接寻找框架，就像解数学题找适合的公式定理一样；第二步，按框架分解逻辑树，就像往数学公式里代入数值一样。框架构建出来以后，并不意味着可以马上执行，因为通常你都不可能有足够的时间和精力，将框架里所有的办法都试一遍，因此最好的办法就是筛选。将你80%的资源投入在20%的关键方法上，核心就是从自己的使用目标出发，围绕着自己的中心积累属于自己的框架库。

马斯克连续创立了Paypal、SpaceX、SolarCity，并在各个领域取得惊人的成绩。在一次演讲上，主持人问他是如何做到的，这些企业有着天壤之别，规模又都如此宏大，秘密武器是什么。马斯克说："我想存在着一种好的思维框架，将事情缩减至其根本本质，并从那里开始向上推理。我一生都在进行这类推理。"

框架思维是想与做的辩证法，想法是抽象的，行动是具体的。框架思维的构建是从思维到行动的一次世界观和方法论的生动诠释。那么我们该如何建立框架思维呢？首先，我们需要不断学习，广泛阅读，将所学习的东西融会贯通，让它们在你的头脑中形成一个初始框架，在大脑中将许多对立的知识分析形成一套完整的理论。其次，是验证，验证你的框架是否完整，逻辑是否严密，你需要在不同场合反复实践，才能检验它是否有效，并进行不断修正。任何自身知识体系的构建都是一种螺旋式递进的关系，要经历"建立—检验—修正—重新建立"的过程。建立适合自己的思维框架并不容易，可能需要常年的知识积累和不断的实践，但是在这个过程中，你将受益匪浅。

开源思维

我助人人，人人助我。

"开源"这个词最初起源于软件开发，指的是一种开发软件的特殊形式。但到了今天，开源已经泛指一组概念，统称"开源的方式"。这些概念包括开源项目、产品，或是自发倡导并欢迎开放变化、协作参与、快速原型、公开透明、精英体制以及面向社区开发的原则。

为什么要有开源思维呢？人类的进步从来都是依靠更复杂、更详细的分工来完成的，分工让组织的复杂性提升，那么生产力就会继续进步。每一个开源的程序代码，让你在帮助到别人的同时也获得了帮助，也就是我助人人，人人助我。

在"2019南京创新周"开幕式上，360集团董事长周鸿祎说："中国技术创新之路，一方面要自主创新，另一方面也不能把自己封闭起来，应该借鉴国际上拥抱开放、共同协作的方法。"这种以"开源"方式谋求自主创新的思维方法，对我们推动科技进步颇有启发。

说到"开源"模式，我们很容易联想到谷歌的安卓系统，它通过开放源代码吸引了全世界的开发者参与软件设计，不断为这个系统添砖加瓦，使之一步步发展壮大。"开源"的安卓系统是科技发展的一个缩影。推进自主创新时，多些"开源"思维，既是补齐科研短板的需要，也是科技发展的必然。尖端、复杂的项目，无论是科学研究还是产业创新，仅仅依靠少数人、单个企业，甚至单靠一个国家，都是无法完成的。人类"拍摄"首张黑洞照片，就动用了全球200多名科研人员，历时10余年才最终完成。

时代发展到现在，"单打独斗"的研发模式已无法适应时代需要。但我们同样也要清醒地认识到，提倡"开源"思维并不等同于简单的"拿来主义"，"以我为主"的自主创新仍然是我们必须坚持的方向。因此，在进行"开源"合作时，收益可以共享，但知识产权一定要牢牢把握在自己手中。

开源最妙的就是大家把自己的工作成果和经验免费分享出来，遇到相同问题的人，就可以直接利用别人的经验和成果解决问题。这可以大大减少重复劳动，帮助他人的同时，也可以提升个人影响力。

从社会的层面上说，开源思维将成为推进人类物质与精神财富生产进化的一种手段，我们由以生产者为中心的封闭创新1.0时代进入了由信息技术发展、互联网所引导的创新2.0时代。创新2.0时代需要迎接风靡全球的开源文化和开源思维的挑战，而这个时代是一个最好的时代。因为在以信息开放、开源思维为基础的信息时代，人类生活方式与文化的演进正在进入一种面向服务、开放协同的新局面。

开源思维，让世界更美好。

情绪管理思维

用身体操控精神，进而让精神适应你的身体。

　　情绪管理，指通过研究个体和群体对自身情绪和他人情绪的认识，培养驾驭情绪的能力，并由此产生良好的管理效果。现代工商管理教育将情商及自我情绪管理视为领导力的重要组成部分。情绪不可能被完全消灭，但可以进行有效疏导、有效管理、适度控制。

　　情绪也没有好坏之分，一般只划分为积极情绪、消极情绪。由情绪引发的行为则有好坏之分，行为的后果有好坏之分，所以说，情绪管理并非是消灭情绪——也没有必要消灭，而是疏导情绪。这就是情绪管理的基本范畴。情绪管理，就是用对的方法，用正确的方式，探索自己的情绪，然后调整自己的情绪，理解自己的情绪，接纳自己的情绪。

　　《礼记》上也说"心宽体胖"，意思就是情绪愉快时，人会泰然舒适。心理学上所说"心身症"，也就是心理出毛病，如过度焦虑、情绪不安或不快乐，会导致生理上的疾病。另外，据研究指出，一个人常常有负面或消极的情绪时，如愤怒、紧张，人体内分泌亦受影响，并导致内分泌不正常，而形成生理上的疾病。由此可见，时常面带微笑，保持愉快心情，并以乐观态度面对人生，有助于增进生理健康。

2010年，首个《中产家庭幸福白皮书》项目，总结出影响家庭幸福的前5个因素，分别是健康、情商、财商、家庭责任以及社会环境。家庭成员缺乏情商，会不断产生摩擦，导致家庭如同地狱。有情商的家庭充满祥和的气氛，家庭成员之间相处其乐融融。

那么如何进行有效的情绪管理呢？第一，体察自己的情绪。也就是，时时提醒自己注意情绪。例如，当你因为朋友爽约而对他冷言冷语，问问自己为什么这么做，有什么感觉。如果你察觉到你已对朋友三番两次的爽约感到生气，你就可以对自己的情绪做更好地处理。有许多人认为人不应该有情绪，所以不肯承认自己有负面的情绪。这种认知是片面且错误的，要知道，人一定会有情绪的，压抑情绪反而带来更不好的结果，学着体察自己的情绪，是情绪管理的第一步；第二，适当表达自己的情绪；第三，以适宜的方式纾解情绪。纾解情绪的方法很多，不管是痛哭还是独处，都要以自己的身体健康为第一准则，同时也不应对他人产生危害。

沉没成本思维

及时止损，过犹不及，坦然接受，避免不必要的损失。

什么是沉没成本？沉没成本是指已经发生不可收回的支出，包括时间、精力、金钱等。

沉没成本是一种历史成本，对现有决策而言，是不可控成本，也不会影响当前行为或未来决策。人们在决定做一件事的时候，不仅要看这件事对自己有没有好处，还应当注意这件事可能的沉没成本和机会成本。

譬如你手上有一笔财富，你可以拿这笔钱去买房、去学习、去投资或者是去旅行，但钱是有限的，你只能选择做一件事，你选择了的，就形成了沉没成本，而做其他事的价值，就是机会成本。如果你的决策是对的，那么沉没成本就是你前期的投资，继续追加，你会从别的地方让成本变现，以另外一种价值方式回归。但如果决策是错的，沉没成本就变成了泼出去的水，覆水难收。

理性的决策者认为，当前决策所要考虑的仅仅是未来需要付出的成本及所带来的收益，而不应考虑既往已经发生的费用，即沉没成本不属于决策者所需考虑的范围。但在现实生活中，因为不舍得沉没成本而不能做出理性决定的例子随处可见。

机会成本、沉没成本、边际成本是微观经济学中最常提及的三个成本要素。人生最贵的不是金钱，而是时间，它是我们每个人最宝贵的财富资源。未来不可预测，我们无法决定自己时间的数量，却能把握质量。倘若我们想更有效地利用好时间，获得稳定而持续的成长，那就不得不具备一种"成本思维"。

我们选择了一条路，大多时候都不知道选择的对不对。如果是对的，继续坚持一定会有意义，但如果是错的，继续坚持只会徒增成本，让自己陷入困境。有时候人就是这样的固执己见，明知道坚持下去毫无意义，还是会选择死撑，这是为什么呢？因为沉没成本，人们会觉得自己对这件事付出了太多，如果现在放弃，就会前功尽弃。但明知不可为还强为之，现在不放弃，不懂及时止损，不仅会前功尽弃，还会全盘皆输。

那如何避免沉没成本呢？首先，认清凡事预则立，不预则废。在我们对一件事做出决策之前，要做足功课，收集必要的信息，预设可能发生的问题。知己知彼，百战不殆，如果贸然行动，最后只会丢盔弃甲，狼狈退场。其次，保持警觉，果断止损。我们小时候都学过《壁虎的尾巴》这一课，当壁虎被人抓住，拎住尾巴的时候，它会断尾求生。当我们做一件事时出现了类似"我已经付出了这么多""我已经走了这么远""我已经花了这么多钱"这样想法的时候，一定要警惕，我们可能已经陷入了沉没成本的思维陷阱。这个时候，如果不认清现状，及时脱身，沉没成本就会变成一种负担，直到你不堪重负。

可得性偏差思维

始终保持怀疑态度，也要怀有警惕性。

可得性偏差也被称为易得性偏差或易得性偏见，是启发式偏差的一种。它是指人们往往根据认知上的易得性来判断事件的可能性，过于看重自己知道的或容易得到的信息，而忽视对其他信息的关注及深度发掘，从而造成判断的偏差。人们对一个事物判断失误，往往不是因为什么都不知道，而是因为把注意力都放在了已知部分。

我们很多人都遇到过这种情况，很多东西明知没用却舍不得扔掉。殊不知，房间在熵增，因为你的生活环境不够简洁，你也会变得混乱、迟钝，于是得不偿失。此外，新事物也很难进来，你的生活逐渐陷入了低效与僵化。

就像《三体》中的那句话，弱小和无知不是生存的障碍，傲慢才是。在美国发生了9·11事件以后，很多美国人受此影响，对飞行产生恐惧，宁愿开车也要避免坐飞机。根据德国教授格尔德·吉仁泽的计算，在"9·11"之后的一年内，由于为了避免飞行而选择坐汽车出行，导致1595个美国人因此丧命。

那我们如何克服获得性偏差呢？首先，要保持怀疑态度。在接受信息时，应该有选择性，进行全面的调查和查证，只接受真实的信息。对身边充斥的事件持有怀疑态度，明确它的实际发生概率，不要人云亦云。其次，要保持警惕性。当形成某种认知时，要反问自己真的是这样吗？这是不是可得性偏差？最后，要确定认知的正确性。那该怎么证明我们的认知是否正确呢？就是通过问题清单的方式，用数据说话。做出判断时，有什么理论依据？这些依据是不是全面的？是不是仅提取了大脑中容易获得的因素，还忽略了什么？怎样能更全面地认证认知是否正确？诸如此类问题，要多反问自己以此来求得真知。

同时我们也要放低自己，怀着谦虚的心态，虚怀若谷；要进行独立思考，从本质入手，更多用演绎法而不是归纳法，根据事物的本质去推理，而不是持续地用之前的经验；进行分类整理，把信息归类整理，让一切有秩序；重新分析，评估环境和信息，哪些是合理的，哪些是落后的，哪些是可以升级的；也要懂得舍弃和放下，要认识到变化是永恒的。

单点爆破思维

集中优势解决最容易解决的那一点，从而打破当前的僵局，取得重大进展。

单点爆破就是将战斗力集中，坚持解决一个问题，集中优势解决最容易解决的那一点，从而打破当前的僵局，取得重大进展。过程中，需要用执行和爆发力聚集各种资源和人脉，只攻克一点，聚集资源，使核能越大，攻克细小问题，如此，便能打出最完美的组合拳。单点爆破也是反复执行的过程，是不知疲倦和不断提升、优化、放大的过程，这是一个战术执行过程。

孔子向师襄子学琴，学习了十天仍没有学新曲子。师襄子说："可以增加学习内容了。"孔子回复："我熟悉了乐曲形式，但还没有掌握方法。"过了几天师襄子说："你学会弹奏技巧了，可以增加学习内容了。"孔子又说："我还没有领会曲子的意境。"又过了几天，师襄子说："你已经领会了曲子意境，可以增加学习内容了。"孔子又回答说："我还不了解作者。"又过了一段时间，孔子神情俨然，仿佛进入了新的境界，时而庄重肃穆，若有所思，时而高望远方，目光深远。最后孔子说："我知道他是谁了，那人体型颀长，眼光明亮远大，像个统治四方诸侯的王者，若不是周文王，还有谁能撰作这首乐曲呢？"师襄子听到后赶紧起身拜附："我的老师也认为这是《文王操》。"

为什么孔子能达到那么高的境界呢？就是因为他利用了单点爆破思维，深挖事物背后本质的规律。

单点爆破思维跟我们焦点思维并不太一样。焦点思维多用于破局和布局。而单点爆破更着重于执行过程，集中所有的力量来共同解决这一个问题。起初，这个理论在军事上出现，意思就是集中兵力合围一个部队，用最大的兵力去进攻。所以，孔子也是单点爆破思维的熟练运用者。

小米的雷军对专注的理解就是少即多，把要做的事情砍掉90%，只做10%，认认真真把那10%做好就足够了。小米手机每年只出一款手机，而且每款手机型号简单，对于消费者来说，辨识度高，不用花费精力记很多字母、版本，手机出到第几代，一目了然。雷军所说的专注就是从战略上做出的单点爆破。

"快拍快拍网"的发起人傅拥军，曾三次获得国际新闻摄影比赛(华赛)金奖。大部分摄影作品都与老百姓的切身利益息息相关，拍摄的许多贴近百姓生活的照片，在全国都产生了重大影响。他的照片就是自己精心创作出来的产品。想要攻陷用户的心，就要讲述一个好故事，给别人留下深刻印象，有文化外壳，也有文化内核。

我们经常在做一件事情的时候，只有三分钟的激情和热度，激情过后就是懒惰。而单点爆破思维让我们只盯住一点来攻克，聚集各种资源和能量，聚集得越多，我们攻克目标的把握就越大。通常我们在做两种计划的测试时有一个非常重要的原则，就是单变量分析。简单来说就是每次只考虑一个可能产生影响、导致结果不同的原因，然后进行尽可能地定量测试分析和改进，避免胡子眉毛一把抓。单点爆破思维最大的优点就是可以控制我们的欲望，使我们更加专注地去做一件事。要想完成一件事就必须有数量级来支撑，时间就是单点爆破的最大武器，所以你要耐住寂寞，经得起诱惑。

注意细节思维

要花大力气做好小事情，把小事做细。

　　"天下难事必作于易，天下大事必作于细。"天下的难事必须从容易时做起，天下的大事必须从细微处着手。我们无论做什么事情，都是从细节上取得重大的进步，只有关注细节才能精益求精，所以关注细节至关重要。

　　东汉时期名臣陈藩幼时，他父亲的朋友看到他的房间"脏乱差"，就问他为什么不收拾房间。陈藩朗声回答："大丈夫处世，当扫除天下，安事一室乎？"这位长辈看他小小年纪就有如此鸿鹄志向，深感"孺子可教也"，但看他连自己的房间都不愿打扫，如此下去，日后必然不会有所作为，于是教导他："一室之不治，何以天下家国为？"意思是：不要眼高手低，治理国家、管理天下也要干具体的事情，你今天连打扫房间都不愿干，以后那些事情可能比这更琐碎，那你更干不了。陈藩受此点拨，幡然醒悟。此后，严格律己，终成了一代名臣。

　　在福特开创福特公司前也有一则轶事。福特刚从大学毕业，到一家汽车公司应聘。其他几个人都比他学历高，福特感觉自己没有什么希望。当他敲门走进董事长办公室时，发现门口地上有一张纸，很自然地弯腰捡了起来。看了看，原来是一张废纸，他就顺手把它扔进了垃圾篓。董事长将这一切都看在了眼里。面试时，福特才说了一句话："我是来应聘的福特……"董事长就发出了热烈的邀请："很好，福特先生，你已经被我们录用了。"这个让福特感到诧异无比的决定，实际上源于他那个不经意的行为。从此以后，福特开启了他的辉煌之路，直到把公司改名，让福特汽车闻名世界。

有一个著名的理论："一个公司在产品或服务上有某种细节上的改进，也许只给用户增加了1%的方便，然而在市场占有的比例上，这1%的细节会引出几倍的市场差别。"正是因为注重细节，公司在某种程度上满足了消费者的需求，契合了消费者的心理和消费习惯，所以才会让产品的市场份额大额增加。对于企业来说，注重细节尤其重要。

在很多时候，我们容易忽视细节，尤其是在自认为对某一领域已经很熟悉的情况下。积累的知识越多，处理信息的速度越快，这时整体思维已形成，需要忽视细节思考，"想当然"地得出某些结论，所以在后期尤其要关注细节。某些关键的细节能影响整体，对于敬业者来说，凡事无小事，简单并不等于容易。要花大力气做好小事情，把小事做细。